QIHOU YU JIEQI

U0271621

本书编写组◎编

气候与节气

揭开未解之谜的神秘面纱，探索扑朔迷离的科学疑云；让你身临其境，受益无穷。书中还有不少观察和实践的设计，读者可以亲自动手，提高自己的实践能力。对于广大读者学习、掌握科学知识也是不可多得的良师益友。

WPC
世界图书出版公司
广州·北京·上海·西安

图书在版编目（CIP）数据

气候与节气 /《气候与节气》编写组编著．—广州：广东世界图书出版公司，2009.12（2024.2 重印）

ISBN 978-7-5100-1440-6

Ⅰ．①气… Ⅱ．①气… Ⅲ．①气候-青少年读物②二十四节气-青少年读物 Ⅳ．①P46-49

中国版本图书馆 CIP 数据核字（2009）第 217513 号

书　　名	气候与节气 QIHOU YU JIEQI
编　　者	《气候与节气》编写组
责任编辑	柯绵丽
装帧设计	三棵树设计工作组
出版发行	世界图书出版有限公司　世界图书出版广东有限公司
地　　址	广州市海珠区新港西路大江冲 25 号
邮　　编	510300
电　　话	020-84452179
网　　址	http://www.gdst.com.cn
邮　　箱	wpc_gdst@163.com
经　　销	新华书店
印　　刷	唐山富达印务有限公司
开　　本	787mm × 1092mm　1/16
印　　张	10
字　　数	120 千字
版　　次	2009 年 12 月第 1 版　2024 年 2 月第 11 次印刷
国际书号	ISBN　978-7-5100-1440-6
定　　价	48.00 元

版权所有　翻印必究

（如有印装错误，请与出版社联系）

前　言

PREFACE

几千年来，人类在与大自然的斗争中，对天气变化的探索和研究一直未曾停止，并积累了极其丰富的经验，能够按天气变化来安排自己的出行、生产等问题。许多国家很早就有关于气候现象的记载。中国春秋时期用圭表测日影以确定季节，秦汉时期就有二十四节气、七十二候的完整记载。随着中国古代文明的对外传播，二十四节气逐渐流传到全世界，至今还为人们所用。

天气是指经常不断变化着的大气状态，既是一定时间和空间内的大气状态，也是大气状态在一定时间间隔内的连续变化，所以可以将天气理解为天气现象和天气过程的统称。天气系统通常是指引起天气变化和分布的高压、低压和高压脊、低压槽等具有典型特征的大气运动系统。气象卫星观测资料表明，各种天气系统都具有一定的空间尺度和时间尺度，而且各种尺度系统间相互交织、相互作用。许多天气系统的组合，构成大范围的天气形势。

“气候”一词源自古希腊文，意为倾斜，指各地气候的冷暖同太阳光线的倾斜程度有关。它是长时间内气象要素和天气现象的平均或统计状态，时间尺度为月、季、年、数年到数百年以上。气候以冷、暖、干、湿这些特征来衡量，通常由某一时期的平均值和离差值表征。气候的形成主要是由于热量的变化而引起的。

一般情况下，作为地球主要能源的太阳辐射经过大气层传输到地面，低层大气由于地面非均匀加热，形成了各种不同性质和尺度的空气团；它们的运动形成了各种天气过程，伴随以各种天气现象（诸如云、降水、雷电、大风等），并有冷热、干湿周期的气候变化。天气系统总是处在不断新生、发展和消亡过程中，在不同发展阶段有其相对应的天气现象分布；一个地区的天气和天气变化是同天气系统及其发展阶段相联系的。

各类天气系统都是在一定的大气环流和地理环境中形成、发展和演变着，都反映着一定地区的环境特性。因此，天气系统的形成和活动反过来又会给地理环境的结构和演变施加深刻影响。认识和掌握天气系统的形成、结构、运动变化规律以及同地理环境间的相互关系，对于了解天气、气候的形成、特征、变化和预测地理环境的演变都是十分重要的。

本书介绍了天气、气候和节气的有关内容，并且对于中国的气候、世界气候的变化和世界气候极值等内容也有涉及。可以满足青少年读者朋友的求知欲，是一本不可多得的科普读物。

鉴于本书成书比较仓促，不足之处在所难免。恳请读者批评指正。

天气概说

气候概说

节气概说

气候变化与气候极值

天气概说

TIANQI GAISHUO

人类在日常生活中，比较关注气象的问题，依此安排自己的出行、生产等问题。这里的气象也就是我们常说的天气。天气是指经常不断变化着的大气状态，既是一定时间和空间内的大气状态，也是大气状态在一定时间间隔内的连续变化，所以可以理解为天气现象和天气过程的统称。天气现象是指发生在大气中的各种自然现象，即某瞬时内大气中各种气象要素（如气温、气压、湿度、风、云、雾、雨、雪、霜、雷、雹等）空间分布的综合表现。天气过程就是一定地区的天气现象随时间的变化过程。本章着重讲述了大气层、天气与人类生活、天气预报、气象卫星，以及各种天气现象。

大气层概说

天气和大气是密不可分的，所以要讲清楚天气的问题，我们必须从大气入手。

这里所说的大气，就是大气层。大气层又叫大气圈，它是包围在地球周围的一层很厚的气体。大气层的成分是氮气、氧气、氩气、二氧化碳以及少量的稀有气体和水蒸气。按体积计算，氮气约占78.1%，氧气约占20.9%，氩气约占0.93%，二氧化碳、稀有气体和水蒸气约占0.7%。

大气层的厚度在1000千米以上，但没有明显的界限。大气层中空气的密度随着高度的增加而减小，高度越高空气就越稀薄。随着高度的不同，大气层也表现出不同的特点。根据不同高度的大气层表现出的不同特点，科学家把整个大气层分为5层。这五层从下往上分别是对流层、平流层、中间层、暖层和散逸层。我们平时所见到的阴晴雨雪和风霜雷电等大部分天气变化就发生在对流层中。

对流层位于大气层的最底层，它集中了约75%的大气质量和90%以上的水汽质量。它的下界与地表相接，上界高度随地理纬度和季节而变化。在低纬度地区平均高度为17～18千米，在中纬度地区平均为10～12千米，极地平均为8～9千米，并且夏季高于冬季。在对流层中，气温随高度升高而降低，平均每上升100米，气温约降低0.65℃。气温随高度升高而降低是由于对流层大气的主要热源是地面长波辐射，离地面越高，受热越少，气温就越低。但在一定条件下，对流层中也会出现气温随高度增加而上升的现象，称之为“逆温现象”。

由于对流层离地表最近，所以受地表影响也最大。我们知道冷空气要比热空气重得多，所以在对流层中，空气总是从上往下有规则地运动着，这就是对流层中的空气垂直运动。但是气象要素（气温、湿度等）在对流层中的水平分布并不均匀。有的地方气温高一些，有的地方气温低一些，所以在对流层中空气的无规则的乱流混合运动也很强烈。空气有规则的垂直运动和无规则的乱流混合运动就导致了对流层中上下层水汽、尘埃、热量发生交换混合。水汽、尘埃和热量等要素的不断交换，就产生了云、雾、雨、雪等天气的变化。这种变化是怎样产生的呢？这就涉及天气系统了。

大气层的结构

天气系统的变化大多在对流层内完成。科学家根据气流和天气现象分布的特点又将对流层分为下层、中层和上层。

下层：下层又称扰动层或摩擦层，其范围一般是自地面到2千米高度。随季节和昼夜的不同，下层的范围也有一些变动，一般是夏季高于冬季，白天高于夜间。在这层里气流受地面的摩擦作用的影响较大，湍流交换作用特别强盛。通常，随着高度的增加、风速增大，以及风向偏转，这层受地面热力作用的影响，气温亦有明显的日变化。由于本层的水汽、尘粒含量较多，因而低云、雾、浮尘等出现频繁。

中层：中层的底界在摩擦层顶，上层高度约为6千米。它受地面影响比摩擦层小得多，气流状况基本上可表征整个对流层空气运动的趋势。大气中的云和降水大都产生在这一层内。

上层：上层的范围是从6千米高度伸展到对流层的顶部。这一层受地面的影响更小，气温常年都在0℃以下，水汽含量较少，各种云都由冰晶和过冷水滴组成。在中纬度和热带地区，这一层中常出现风速等于或大于30米/秒的强风带，即所谓的急流。

为了对大气层和天气的变化有一个比较全面的认识，我们这里对除对流层以外的大气层也做一简单的介绍。

平流层：平流层位于对流层之上。在中低纬度地区，平流层位于离地表10～50千米的高度，而在极地，此层则始于离地表8千米左右。与对流层不同的是平流层上热下冷。平流层之所以与对流层相反，随高度上升气温上升，是因为它的热量主要来自太阳辐射。因为平流层垂直气温分层表现出高温层置上而低温层置下的特点，所以这一层的大气运动较为稳定。正是基于对平流层大气状态相对稳定的认识，商业客机一般都是在离地面10千米的高空飞行的。当然，这一层的大气也不是绝对稳定的，飞机在这一层飞行的时，有时也会遇到强烈的气流，这大多是因为在对流层发生了对流超越现象。

中间层：中间层在平流层之上，又称中层。它的高度一般为离地面50千米到80千米之间。中间层的温度和对流层一样，也是随着高度的上升而降低，但是这一层的大气运动并没有对流层那样强烈。这是因为中间层的空气非常稀薄，几乎无法构成运动的主体。由于中间层在飞机能达到的最高高度和太空飞船的最低高度之间，所以人们对这一层大气的认识非常少。科学家风趣地把这一层称为“忽视层”。

暖层：中间层以上就是暖层，又称热层。它大约距地球表面100～800千米。暖层最突出的特征是当太阳光照射时，太阳光中的紫外线被该层中的氧原子大量吸收，因此温度升高，故称暖层。暖层的特点是，气温随高度增加而增加，在300千米的高度时，气温可达1000℃以上，像铅、锌、锡、锑、镁、钙、铝、银等金属，在这里也会被熔化掉。暖层中的氮、氧和氧原子气体成分，在强烈的太阳紫外线和宇宙射线作用下，已处于高度电离状态，所以也把暖层称为“电离层”。电离层的存在，对反射无线电波具有重要意义。人们在远方之所以能收到无线电波的短波通讯信号，就是和大气层有此电离层有关。

散逸层：散逸层是大气的最外层，它的上面就是星际空间了，所以这一层又被称外层或外逸层。散逸层的温度很高，空气粒子运动很快，又离地心较远，地球引力作用小，所以这一层的大气质点经常散逸至星际空间，故名为散逸层。散逸层位于地表800千米以上，它的空气以电离状态存在，而且非常稀薄，已经接近星际空间了。但是这一层对人类来说也非常重要，因为火箭、卫星和空间站等都在这一区域运行。

天气预报概说

天气对人类的生产、生活和身心健康的影响如此之大，所以人们对它的探索和研究也一直没有停止过，天气预报就是其中最伟大的成就。说起天气预报，我们还是先说说古人预报天气的方法吧。

天气谚语

我们的祖先在与大自然的斗争中对天气的变化进行观测并积累了丰富的经验。早在3000多年前的殷墟甲骨文中就有许多关于气象的记述。春秋战国时期荀子在“天论”中指出“天行有常”，这句话的意思就是说天气气候的变化是有客观规律的。荀子还提出要“制天命而用之”，这就是说人要认识、利用和改造天气和气候。

最能说明古代劳动人民对天气认识的就是天气谚语了。东汉时王充在《论衡·变动篇》中说：“故天且雨，蝼蚁徙，蚯蚓出，琴弦缓，痼疾发。”这句话的意思是天要下雨就会有蚂蚁搬家、蚯蚓出洞、琴弦变松，以及人体的一些老毛病复发等现象出现。北魏贾思勰在《齐民要术》中也叙述有天气

谚语“天气新晴，是夜必霜”等。时至今日，关于天气的谚语有多少已经没办法查证了。更由于中国地域辽阔，各地天气气候有所差异，因此各地的天气谚语也有所不同。但是天气谚语内容丰富，大多时候都能准确地预报当地的天气。

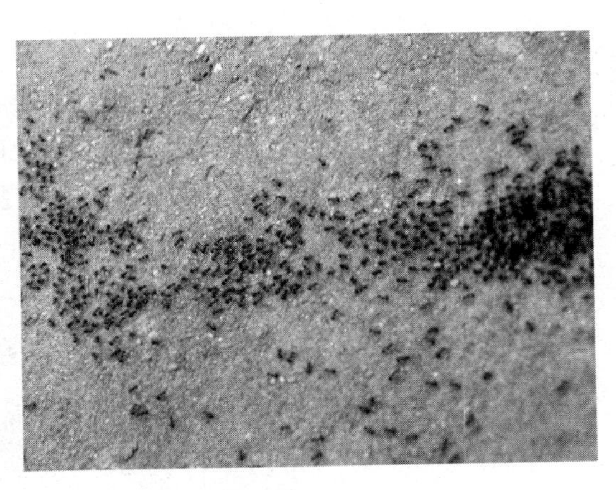
蚂蚁搬家预示着要下雨了

北起黑龙江，南至南海诸岛，东起东海，西至新疆、西藏，到处都有天气谚语。例如黑龙江有“初冬寒，春雨多”，南海的西沙群岛有不少关于台风的天气谚语，如“古龙晒太阳，不久台风狂”。东海同样有很多关于长、中、短期天气变化的谚语，如舟山群岛的“上灯遇风暴，稻花风吹落”，这句谚语的意思是说：正月十三（上灯）到十八（落灯）如果遇上偏北大风，则预示着6、7月早稻扬花或收割的时候会有台风影响。新疆、西藏也都有不少天气谚语，如新疆南部的“冬雪大，来年春暖多风沙”，西藏的“春天风沙大，夏天雨水少”等等。

天气预报是怎样产生的

虽然人类在很早以前就注意到了天气变化的一些特点和规律，但是现代意义上的天气预报发展却比较晚。天气预报是怎样诞生的呢？这要从一场战争说起。

1853至1856年，为争夺巴尔干半岛，沙皇俄国同英法两国爆发了克里木战争，正是这次战争，导致了天气预报的出现。这是一场规模巨大的海战，1854年11月14日，当双方在欧洲的黑海展开激战时，风暴突然降临，最大风速超过每秒30米，海上掀起了万丈狂澜，使英法舰队险些全军覆没。事后，英法联军仍然心有余悸，法军作战部要求法国巴黎天文台台长勒佛里埃仔细研究这次风暴的来龙去脉。那时还没有电话，勒佛里埃只有写信给各国的天文、气象工作者，向他们收集1854年11月12至16日五天内当地的天气情报。他一共收到250封回信。勒佛里埃根据这些资料，经过认真分析、推理和判断，查明黑海风暴来自茫茫的大西洋，自西向东横扫欧洲，出事前两天，即11月12日和13日，欧洲西部的西班牙和法国已先后受到它的影响。勒佛里埃望着天空飘忽不定的云层，陷入了沉思：“这次风暴从表面上看来得突然，实际上它有一个发展移动的过程。电报已经发明了，如果在欧洲大西洋沿岸一带设有气象站，及时把风暴的情况电告英法舰队，不就可避免惨重的损失吗？”

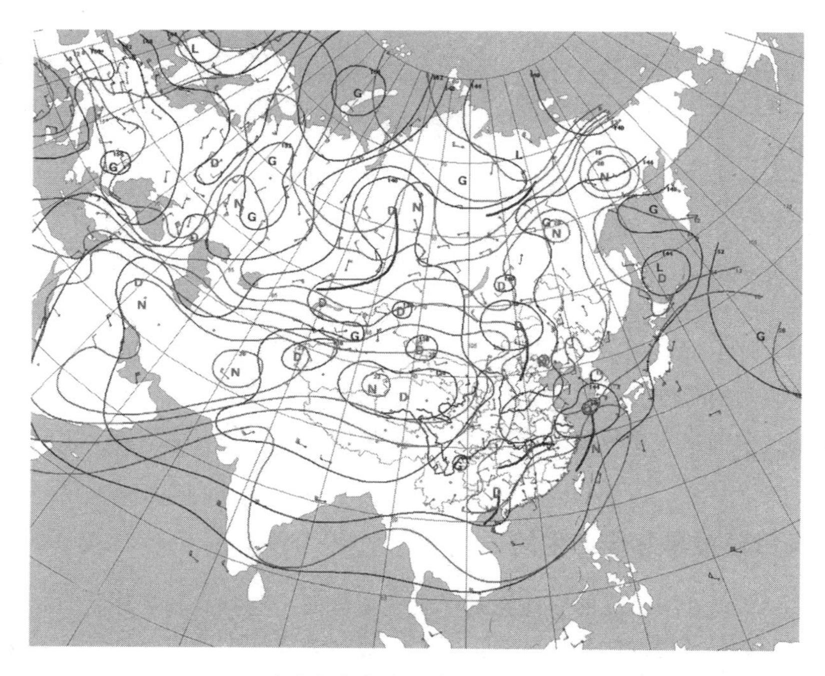

中央气象台绘制的亚洲天气图

于是，1855年3月16日，勒佛里埃在法国科学院作报告说，假如组织气象站网，用电报迅速把观测资料集中到一个地方，分析绘制成天气图，就有可能推断出未来风暴的运行路径。勒佛里埃的独特设想，在法国乃至世界各地引起了强烈反响。人们深刻认识到，准确预测天气，不仅有利于行军作战，而且对工农业生产和日常生活都有极大的好处。由于社会上各方面的需要，在勒佛里埃的积极推动下，1856年法国成立了世界上第一个正规的天气预报服务系统。

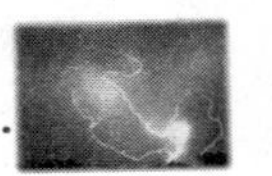

天气预报的发展

那么，什么叫天气预报呢？天气预报就是应用大气变化的规律，根据当前及近期的天气形势，对未来一定时期内的天气状况进行预测。它是根据对卫星云图和天气图的分析，结合有关气象资料、地形和季节特点、群众经验等综合研究后作出的。如中国中央气象台的卫星云图，就是“风云一号”气象卫星摄取的。利用卫星云图照片进行分析，能提高天气预报的准确率。天气预报就时效的长短通常分为 3 种：短期天气预报（2 ~3 天）、中期天气预报（4 ~9 天）、长期天气预报（10 ~15 天以上）。中国中央电视台每天播放的主要是短期天气预报。

风云二号拍摄的卫星云图

天气预报的主要内容是一个地区或城市未来一段时期内的阴晴雨雪、最高最低气温、风向和风力及特殊的灾害性天气。就中国而言，气象台准确预报寒潮、台风、暴雨等自然灾害出现的位置和强度，就可以直接为工农业生产和群众生活服务。随着生产力的发展和科学技术的进步，人类活动范围空前扩大，对大自然的影响也越来越大，因而天气预报就成为现代社会不可缺少的重要信息。

天气预报的发展可分为3个阶段：

第一个阶段是单站预报。17世纪以前人们通过观测天象、物象的变化，编成天气谚语，据以预测当地未来的天气。17世纪以后，温度表和气压表等气象观测仪器相继出现，地面气象站陆续建立，这时主要根据单站气压、气温、风、云等要素的变化来预报天气。这还不是真正意义上的天气预报，只能说是现代天气预报的雏形。

第二个阶段是天气图预报。1851年，英国首先通过电报传送观测资料，绘制成地面天气图，并根据天气图制作天气预报。20世纪20年代开始，气团学说和极锋理论先后被应用在天气预报中。30年代，无线电探空仪的发明、高空天气图的出现、长波理论在天气预报上的广泛应用，使天气演变的分析，从二维发展到了三维。40年代后期，天气雷达的运用，为降水以及台风、暴雨、强风暴等灾害性天气的预报，提供了有效的工具。

第三个阶段是数值天气预报。20世纪50年代以来，动力气象学原理、数学物理方法、统计学方法等，广泛应用于天气预报。用高速电子计算机求解，简化了的大气流体力学和热力学方程组，可及时作出天气预报。尤其是60年代发射气象卫星以来，卫星的探测资料弥补了海洋、沙漠、极地和高原等地区气象资料不足的缺陷，使天气预报的水平显著提高。

天气系统

天气系统通常是指引起天气变化和分布的高压、低压和高压脊、低压槽等具有典型特征的大气运动系统。

那么，高压和低压是什么呢？高压脊和低压槽又是什么呢？所谓高压，就是“高气压”。它是大气中气压比同高度四周偏高的区域。这种高压在天气图上用规定等高面上的等压线或规定等压面上的等高线来表示，这些等值线把较高的气压值或高度值围在中间。低压与高压相反，它是大气中气压比同高度低的区域。

这里，我们有必要把等压线和等压面的知识向大家介绍一下。所谓等压

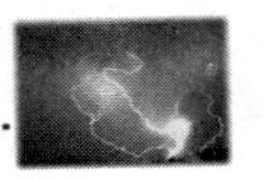

线就是把在一定时间内气压相等的地点在平面图上连接起来所成的封闭线。而等压面则是压力相等的各点所组成的面，即空间气压相等的各点所组成的面。由于同一高度，各地气压不相等，等压面在空间不是平面，而是像地形一样起伏不平。

三面气压较低而一面气压较高的天气系统，简称脊。高压脊是高压向外伸出的狭长部分，或一组未闭合的等压线向气压较低方突出的部分。在脊中，各等压线弯曲最大处的连线叫脊线。气压沿脊线最高，向两边递减。脊附近的空间等压面，类似山脊。天气图上高压向某个方向伸出去的一部分，略呈“U”型或“n”型的高压区域就叫高压脊。低压槽则与高压脊相反。

各种天气系统都具有一定的空间尺度和时间尺度，而且各种尺度系统间相互交织、相互作用。许多天气系统的组合，构成大范围的天气形势，构成半球甚至全球的大气环流。天气系统总是处在不断新生、发展和消亡过程中，在不同发展阶段有其相对应的天气现象分布。因而一个地区的天气和天气变化是同天气系统及其发展阶段相联系的，是大气的动力过程和热力过程的综合结果。

各类天气系统都是在一定的大气环流和地理环境中形成、发展和演变着，都反映着一定地区的环境特性。比如极区及其周围终年覆盖着冰雪，空气严寒、干燥，这一特有的地理环境成为极区低空冷高压和高空极涡、低槽形成和发展的背景条件。赤道和低纬度地区终年高温、潮湿，大气处于不稳定状态，是对流性天气系统产生、发展的必要条件。中高纬度是冷、暖气流经常交汇地带，不仅冷暖气团你来我往交替频繁，而且其斜压不稳定，是锋面、气旋系统得以形成、发展的重要基础。天气系统的形成和活动反过来又会给地理环境的结构和演变以深刻影响。

天气与人类的关系

生活在大自然中的人类，离不开大气，所以也无法逃避天气变化给生产和生活带来的影响。我们可以说，人们的生产和生活活动无时无刻不受天气的影响。雨雪天气影响人们的出行，风调雨顺保证了农业生产的丰收。这些都是大家非常熟悉，而且有过深切感受的事实，但是天气对生活的影响远远不止这些。天气不但影响人们的生产和生活，也影响着人们的身心健康。

天气与生理健康

近几十年来，许多国家都在研究天气与人类健康的关系。天气与人类健康的关系有什么关系呢？最明显的例子就是天气的转变常会引起人们自我感觉的异样，例如人们感觉到“骨头痛”、“困倦”、“烦躁”时，常常预示着要变天了。患有关节炎的病人，一到阴天下雨的时候，就能提前预知，所以人们风趣地把患有关节炎的人称为“小气象台”。

天气对人体的影响不仅是一些感觉上的不适，它还会使一些慢性病复发和加重，这与气象条件影响人体植物神经和内分泌系统的功能有关。冬季易发溃疡病，天气剧烈变化时关节炎、陈旧性骨折和软组织损伤的疼痛加剧，寒流侵袭时冠心病、气管炎、青光眼病症加重，天气骤变导致年老体弱的老人死亡。

气象条件与疾病的关系可以是直接的，也可以是间接的。气象要素作为发病的直接原因如冻伤和中暑，冬天雪地将大量紫外线反射，照射人的视网膜致人雪盲；间接原因，则是作为一个非特异刺激促进疾病复发表明，气象因素可影响人体的抵抗力，因而许多疾病具有明显和季节性，与天气的周期或非周期变化有密切的关系，例如乙脑多发于夏、秋，麻疹、流脑、猩红热

人们在雪地里戴上墨镜防止雪盲

流行于冬春，其他一些疾病的发生也有一定的好发季节。医学家经过研究发现了维持身体健康的许多元素都和天气有关，例如血色素在夏季低，冬季高；白细胞在冬季高，12 月份最高；血小板 3 ~4 月份高，8 月份低，等等。

天气与心理健康

天气条件及其变化不仅影响人的生理健康，对人的心理情绪方面的影响也非常明显。有利的天气条件，可使人们情绪高涨、心情舒畅、生活质量和工作效率提高；而不利的天气条件，则使人情绪低落、心胸憋闷、懒惰无力，甚至会导致精神病态和行为异常。研究表明，高温、高湿、阴雨以及一些异常天气事件，都不利于人的心理健康。

世界卫生组织的一份资料表明，1982—1983 年的“厄尔尼诺现象”，使得全球大约 10 万人患上了抑郁症，精神病的发病率上升了 8%，交通事故也至少增加了 5000 次以上。究其原因，是“厄尔尼诺”这种异常气象变化，引起全球范围的气候异常和天气灾难，超越了一部分人的心理承受能力，从而发生坐卧不安、精神迟钝等症，意志薄弱者还会发出歇斯底里的哭叫声。一般来说，低温环境有利于形成较佳的心理状态，而高温或在温度回升时，人的精神状态则容易产生波动和异常。精神专家研究发现，当气温较高或有暖流入侵时，精神病人起床徘徊、无法入睡、叫喊骂人、摔打东西的情况显著增加，正常人也会有程度不同的情绪变化。由于高温不利于人的心理健康，所以高温环境下的犯罪率也相对较高。1996 年奥运会前夕，美国警方曾委派专家作过细致研究，发现亚特兰大的日犯罪事件总数，是随气温的升高而递增的，其中最热的 6、7 月份，犯罪率最高，偏偏奥运会在这一时段举行；为了减轻人们的恐惧感，奥运会组委会的负责人，一度谎称亚特兰大夏季气温不超过 30℃。

阴沉的天气给人以压抑和沉闷的感觉

其实，中国古代劳动人民

也发现了天气和心理健康之间的联系。古人说“天昏昏令人郁郁”，这句话的意思就是在阴雨连绵的季节，人们的精神较懒散，心情也不畅快。这是为什么呢？中国的医疗气象工作者通过深入研究发现，阴雨天气之所以影响人的心理健康，主要是因为阴雨天气下光线较弱，人体分泌的松果激素较多，这样，甲状腺素、肾上腺素的分泌浓度就相对降低，人体神经细胞也就因此“偷懒”，变得不怎么“活跃”，人也就会变得无精打采。

健康天气预报

鉴于天气条件与健康的紧密关系，用气象观测资料结合疾病特征，发布“健康天气预报”，既有利于提醒患者采取积极的预防措施，又有利于医务人员有针对性地做好防治疾病的准备。所以，德国、日本、俄罗斯、美国等国的气象部门已经与医疗部门合作，通过电台、电视台、网络发布“医学气象预报”，让人们提前做好防病准备。中国的一些报刊、电台、电视台、网络也开始了不定期地结合季节性变化介绍有关季节性疾病防治的小常识，这对人们预防气象环境疾病起到了很好的作用。

气象卫星

说起天气预报，就不能不说气象卫星。第一颗气象卫星是由美国在1960年发射升空的。自第一颗气象卫星升空后，近50年来，气象卫星在轨道、星体、观测仪器、资料通信方式等许多方面，与首次飞行的卫星相比，已经没有什么相似之处。气象卫星的应用领域也在迅速扩展，现在不仅气象工作者已经无法离开气象卫星来制作天气预报，林业、农业、防灾救灾等国民经济的许多部门，也依靠气象卫星进行监测、评估。气象卫星正在为国民经济的许多部门提供越来越多的服务。

气象卫星的发展

1960年4月1日，美国发射了第一颗气象卫星。气象卫星成功地获取了包括人迹罕至的高山、沙漠、海洋在内广大地区的大范围云图。云图上的云

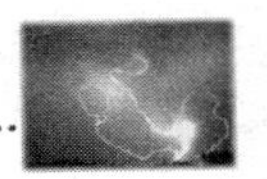

分布所揭示的天气系统，如温带气旋和台风，与用场地观测资料分析和推断的天气系统模式是如此吻合，使气象工作者大受鼓舞。它吸引了遥感、无线电、通信、计算机等许多专业领域的科学家投身于气象卫星这个事业，也使许多国家的政府竞相投资发展气象卫星。气象卫星在近50年内取得了长足的发展。

第一代气象卫星观测到得数据暂时存储在星载磁带机上，当卫星通过地面中心站时，由中心站指令磁带机回放，将数据发送给中心站。显然，这种工作方式在观测时效上不可能满足气象业务的需求。

第二代极轨气象卫星安装了自动图片发送系统。卫星边观测边向地面发送观测数据。地面上任何地点的接收站，只要有卫星通过，就可以接收到当时从卫星发下的云图。这种云图在实时天气预报业务中发挥了十分重要的作用。第二代极轨气象卫星所发送的云图是模拟资料。在模拟资料中，信号强度与卫星所感应到的辐射能量的强度虽然趋势是一致的，但并不是一一对应的。尤其是由于资料在向地面发送的过程中混入了噪音，不可能根据地面接收到的云图信号，求出星上探测器所感应到的辐射量。所以这种资料只适合于定性应用，而不能满足定量研究的需要。

第三代极轨气象卫星在这方面做了重大改进。在探测器将所感应到的辐射能转变为电信号以后，立即在卫星上将电信号量化成数字。卫星向地面发送观测数据，而不是模拟信号。因为数字信号在传递的过程中有很强的抗干扰能力，从而在地面可以将卫星探测器所感应到的辐射量反推出来。

数字资料的出现给气象卫星的应用带来了质的变化。我们知道辐射在介质的传递过程中，与介质会发生相互作用。这种相互作用使辐射中留下了介质物理和化学性质的烙印。对辐射定量观测的实现，使我们有可能据此反推在辐射路径上与辐射发生过相互作用的介质的属性。于是，一系列的应用成果出现了。

气象卫星的应用

根据气象卫星所观测到的数字资料所制作的大量业务产品，如林火监测、洪水范围、冰雪覆盖、洋面温度、渔场位置、河口泥沙沉积等，在国民经济的许多部门得到了广泛的应用。

例如，气象卫星上设有一个热红外通道。这个通道的观测数据对地表温度的增加非常敏感。利用这个通道的辐射测值，可以探知地面上的着火区。中国1987年5－6月东北大兴安岭所发生的特大森林火灾，就是利用这种技术进行监测的。

气象卫星近红外太阳反射光通道的光谱受地面上植物叶子的反射特别强，而在水体上反射特别弱。利用这个通道的辐射测值数据可以推算地面上植物的长势，并估计地面上水体的范围。用植物长势指数可以进一步估计农作物的产量，这种资料备受农业管理部门和农产品贸易部门的重视。水体范围的监测在发生洪水的时候是估计灾害程度客观有效的手段。1991年中国江淮地区发生了严重的洪涝灾害，用中国风云一号气象卫星计算出的淮河流域各县洪水淹没面积百分率数据成为开展救灾工作的重要依据。

用气象卫星资料还可以用来分析海冰的范围和洋面的温度。这些资料不仅对海上航行和海上石油钻井平台的安全作业有重要意义，还可以用来指导渔业生产。在洋面上温度差别特别大的地方，渔群特别多，到那些地方去捕渔，收获量大。

气象卫星有如此巨大的社会经济效益，许多国家竞相发展气象卫星。自从第一颗气象卫星升空后50多年来，世界上一些国家和组织先后发射了200多颗气象卫星，形成了由极轨气象卫星和地球静止气象卫星组成的全球卫星观测系统。由于它具有探测资料多、范围广、时效快，直观性强，不受时空和自然条件的限制等特点，它的探测资料已广泛应用于地球环境监视、军事安全、多种学科（如气象学、海洋学、水文学、农学、环境科学）的研究，特别是在减灾防灾和保障人民生命财产安全等方面发挥了重要作用。

中国气象卫星

中国气象卫星的发展一直受到党和国家领导人的重视和支持。早在1969年，周恩来总理就提出，要发展中国自己的气象卫星。经过多年艰苦的努力，中国第一颗和第二颗极轨气象卫星风云一号A和B分别于1988年和1990年发射成功。风云一号A气象卫星获取了高质量的可见光云图，经过改进的风云一号B红外云图也获得成功。1997年6月，中国第一颗静止气象卫星风云二号发射成功，获取了可见光、红外、水汽三种图像，其中特别是红外和水汽图像在观测动态范围、图像的层次、清晰度等诸多方面都达到了很高的水平。

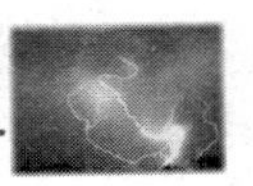

2008年5月27日，我国首颗新一代极轨气象卫星风云三号在太原卫星发射中心成功发射。风云三号安装有可见光红外扫描辐射仪、红外分光计、微波温度计、微波成像仪等十余种具有国际先进水平的探测仪器，探测性能比仅有可见光一种手段的第一代极轨气象卫星风云一号有质的提高，可在全球范围内实施三维、全天候、多光谱、定量探测，获取地表、海洋及空间环境等参数，实现中期数值预报。

世界气象组织已将风云三号纳入新一代世界极轨气象卫星网，卫星的观测数据不仅在国内实现共享，也将为世界各国气象观测服务。风云三号卫星将在监测大范围自然灾害和生态环境，研究全球环境变化、气候变化规律和减灾防灾等方面发挥重要作用。同时，也可为航空、航海等部门提供全球气象信息。

风云三号代表了当前世界上气象卫星发展的最高水平。在观测动态范围、图像的层次、清晰度诸多方面都达到了很高的水平。

气团和锋概说

在前几节里，我们已经介绍了天气系统的形成、天气与生活的关系以及天气预报等方面的知识。从这一节开始，我们将详细地介绍和天气相关的一些概念以及具体的天气现象，如气团、锋、锋面、风、降水等。

什么是气团

气团是指在水平方向上温度、湿度和稳定度等物理属性比较均匀的大块空气团。气团的水平范围由数千米到数万米，垂直范围由数千米到十余千米甚至伸展到对流层顶。那么，气团是怎样形成的呢？气团形成需要具备两个条件：

一是要有大范围性质比较均匀的下垫面。如辽阔的海洋、无垠的大沙漠、冰雪覆盖的大陆和极区等都可成为气团形成的源地。下垫面向空气提供相同的热量和水汽，使其物理性质比较均匀，因而下垫面的性质决定着气团属性。在冰雪覆盖的地区往往形成冷而干的气团；在水汽充沛的热带海洋上常常形成暖而湿的气团。

二是必须有使大范围空气能较长时间停留在均匀的下垫面上的环流条件，以使空气能有充分时间和下垫面交换热量和水汽，取得和下垫面相近的物理特性。例如，亚洲北部西伯利亚和蒙古等地区，冬季经常为移动缓慢的高压所盘据，那里的空气从高压中心向四周流散，使空气性质渐趋一致，形成干、冷的气团，成为中国冷空气的源地。又如中国东南部的广大海洋上，比较稳定的太平洋副热带高压，是形成暖湿热带海洋气团的源地。较长时间静稳无风的地区，如赤道无风带或热低压区域，风力微弱，大块空气也能长期停留，就能形成高温高湿的赤道气团。

在上述条件下，通过诸如辐射、乱流和对流、蒸发和凝结以及大范围的垂直运动等物理条件，才能将下垫面的热量和水分输送给空气，使空气获得与下垫面性质相适应的比较均匀的物理性质，形成气团。这些过程有的是发生于大气与下垫面之间的，有的是发生于大气内部。

气团的变性

气团在源地形成后，要离开它的源地移到新的地区，随着下垫面性质以及大范围空气的垂直运动等情况的改变，它的性质也将发生相应的改变。例如，气团向南移动到较暖的地区时，会逐渐变暖；而向北移动到较冷的地区时，会逐渐变冷。气团在移动过程中性质的变化，称为气团的变性。

不同气团，其变性的快慢是不同的，即使是同一气团，其变性的快慢还和它所经下垫面性质与气团性质差异的大小有关。一般说来，冷气团移到暖的地区变性较快。在这种情况下，冷气团低层变暖，趋于不稳定，乱流、对流容易发展，能很快地将低层的热量传到上层。相反，暖气团移到冷的地区则变冷较慢，因为低层变冷趋于稳定，乱流和对流不易发展，其冷却过程主要靠辐射作用进行。从大陆移入海洋的气团容易取得蒸发的水汽而变湿，而从海洋移到大陆的气团，则要通过凝结及降水过程才能变干，因此气团的变干过程比较缓慢。所以，我们可以这样认为：冬季影响中国的冷空气，都已不是原来的西伯利亚大陆气团，而是变性了的大陆气团。

气团在下垫面性质比较均匀的地区形成，又因离开源地而变性。气团总是在或快或慢地运动着，它的性质也总是在或多或少地变化着，气团的变性是绝对的，而气团的形成只是在一定条件下获得了相对稳定的性质而已。由于中国大部分地区处于中纬度，冷暖空气交替频繁，缺少气团形成的环流条

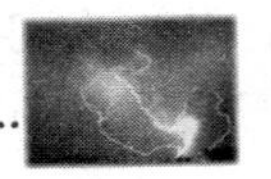

件，同时地表性质复杂，很少有大范围均匀的下垫面作为气团的源地，因而活动在中国境内的气团，严格说来都是从其他地区移来的变性气团。

气团的分类方法

为了分析气团的特征、分布移动规律，气象学家常常对地球上的气团进行分类。分类的方法大多采用热力分类法和地理分类法 2 种。

热力分类法

气团按其热力特性可分为冷气团和暖气团 2 大类。凡是气团温度低于流经地区下垫面温度的，叫冷气团；相反，凡是气团温度高于流经地区下垫面温度的，叫暖气团。这里所谓冷、暖均是比较而言，至于温度低到多少度才是冷气团，温度高到多少度才是暖气团，则没有绝对的数量界限。一般形成在冷源地的气团是冷气团，形成在暖源地的气团是暖气团。

地理分类法

根据气团形成源地的地理位置，对气团进行分类，称为气团的地理分类。按这种分类法气团分成北极气团、温带气团、热带气团、赤道气团 4 大类。由于源地地表性质不同，又将每种气团（赤道气团除外）分为海洋性和大陆性两种。这样，总共分为 7 种气团。

什么是锋

两个性质不同的气团相遇时，它们中间就有一个过渡区域，当这个过渡区域相当狭小时，就叫做“锋”。锋是冷暖气团之间的狭窄、倾斜过渡地带。因为不同气团之间的温度和湿度有相当大的差别，而且这种差别可以扩展到整个对流层。当性质不同的两个气团，在移动过程中相遇时，它们之间就会出现一个交界面，叫做锋面。锋面与地面相交而成的线，叫做锋线。一般把锋面和锋线统称为锋。所谓锋，也可理解为两种不同性质的气团的交锋。由于锋两侧的气团性质上有很大差异，所以锋附近的空气运动十分活跃。空气在锋中有强烈的升降运动，气流极不稳定，常造成剧烈的天气变化。因此，锋是重要的天气系统之一。

锋是三维空间的天气系统。它并不是一个几何面，而是一个不太规则的倾斜面。它的下面是冷空气，上面是暖空气。由于冷空气比暖空气重，因而，它们的交接地带就是一个倾斜的交接地区。这个交接地区靠近暖气团一侧的界面叫锋的上界，靠近冷气团一侧的界面叫锋的下界。上界和下界的水平距离称为锋的宽度。它在近地面层中宽约数十千米，在高层可达 200 ~ 400 千米。而这个宽度与其水平长度相比（长达数百至数千千米）是很小的。因此，人们常把它近似地看成一个面，称为锋面。

锋的特点

经过长期的观察和研究，气象学家发现锋有以下几个特点：

（1）锋面有坡度：锋面在空间向冷区倾斜，具有一定坡度。锋在空间呈倾斜状态是锋的一个重要特征。锋面坡度的形成和保持是地球偏转力作用的结果，但是一般锋面的坡度都很小。由于锋面坡度很小，锋面所遮掩的地区必然很大。如坡度为 1%，锋线长为 1000 千米、高为 10 千米的锋，其掩盖的面积可达 100 万平方千米；由于有坡度，可使暖空气沿倾斜面上升，为云雨天气的形成提供有利条件。

（2）气象要素有突变：气团内部的温、湿、压等气象要素的差异很小，而锋两侧的气象要素的差异很大。

① 温度：气团内部的气温水平分布比较均匀，通常在 100 千米内的气温差为 1℃，最多不超过 2℃。而锋附近区域内，在水平方向上的温度差异非常明显，100 千米的水平距离内可相差近 10℃，比气团内部的温度差异大 5 ~ 10 倍。在垂直方向上，气团中温度垂直分布是随高度递减的，然而锋区附近，由于下部是冷气团，上部是暖气团，锋面上下温度差异比较大。

② 气压场：锋面两侧是密度不同的冷、暖气团，因而锋区的气压变化比气团内部的气压变化要大的多。锋附近区域气压的分布不均匀，锋处于气压槽中，等压线通过锋面有指向高压的折角，或锋处于两个高压之间气压相对较低的地区，等压线几乎与锋面平行。

③ 锋附近的风：风在锋面两侧有明显的逆向转变，即由锋后到锋前，风向呈逆时针方向变化。

（3）锋面附近天气变化剧烈：由于锋面有坡度，冷暖空气交替，暖空气可沿坡上升或被迫抬升，且暖空气中含有较多的水汽，因而，空气绝热上升，水汽凝结，易形成云雨天气。由于锋面是各种气象要素水平差异较大地区，

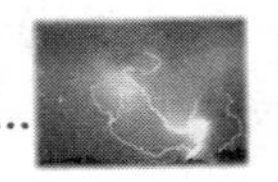

能量集中，天气变化剧烈。所以，锋是天气变化剧烈的地带。

锋的分类方法

根据锋面两侧冷暖气团的移动方向及结构状况，气象学家把锋分为下列4种：

（1）冷锋：冷气团向暖气团方向移动的锋。暖气团被迫而上滑，锋面坡度较大。冷暖两方中，冷气团占主导的地位。

（2）暖锋：是暖气团向冷气团方向移动的锋。暖气团沿冷气团向上滑升，锋面坡度较小，冷暖两方中，暖空气占据主导地位。

（3）准静止锋：是冷暖气团势力相当，使锋面呈来回摆动，这种锋的移动速度很小，可近似看作静止。

（4）锢囚锋：是冷锋追上暖锋，将地面空气挤至空中，地面完全为冷空气所占据，造成冷锋后面冷空气与暖锋前部的冷空气相接触的锋面。如果前面的冷气团比较暖湿，后面的冷气团比较寒干，则后面的冷气团就楔入前面冷气团的底部，形成冷锋式锢囚锋；如果后面的冷空气不如前面的冷空气那样冷而干，则后面相对暖的冷气团会滑行于前面冷气团之上，形成暖式锢囚锋。

在冷式锢囚情况下，暖锋脱离地面，成为高空暖锋，位在锢囚锋之后面；在暖式锢囚情况下，冷锋离开地面，成为高空冷锋，位在锢囚锋的前面。

不同的锋带来的不同天气

锋给我们带来的影响主要是天气的变化。锋面天气是指锋附近的云、降水、风等气象要素的分布情况。不同类型的锋有不同的天气状况。下面我们就讲一讲不同类型的锋会带来什么样的天气。

冷锋天气

冷锋又分为两类：移动慢的叫第一型冷锋或缓行冷锋，移动快的叫第二型冷锋或急行冷锋。

第一型冷锋的锋面处于高空槽线前部，多为稳定性天气。这种锋移动缓慢，锋面坡度不大（约1%），锋后冷空气迫使暖空气沿锋面平稳地上升，当暖空气比较稳定，水汽比较充沛时，会形成与暖锋相似的范围比较广阔的层

类型	冷锋	暖锋
气团运动	冷气团主动移向暖气团	暖气团主动移向冷气团
锋面图示	暖气团 冷气团	暖气团 冷气团
锋面符号		
过境时天气	阴天、刮风、下雨、降温	多为连续性降水
过境后天气	温度湿度下降，气压升高，天气转晴	气温湿度上升，气压下降，天气转晴
降水时间	时间短，强度大	时间长，强度小
降水位置	主要在锋后	锋前

冷锋和暖锋及其天气

状云系。只是云系出现在锋线后面，而且云系的分布次序与暖锋云系相反。降水性质与暖锋相似，在锋线附近降水区内还常有层积云、碎雨云形成。降水区出现在锋后，多为稳定性降水。如果锋前暖空气不稳定时，在地面锋线附近也常出现积雨云和雷阵雨天气。夏季，在中国西北、华北等地以及冬季在中国南方地区出现的冷锋天气多属这一类型。

第二型冷锋天气模式是一种移动快、坡度大（1/80～1/40）的冷锋。锋后冷空气移动速度远较暖气团为快，它冲击暖气团并迫使产生强烈上升。而在高层，因暖气团移速大于冷空气，出现暖空气沿锋面下滑现象，由于这种锋面处于高空槽后或槽线附近，更加强了锋线附近的上升运动和高空锋区上的下沉运动。夏季，在这种冷锋的地面锋线附近，一般会产生强烈发展的积雨云，出现雷暴甚至冰雹、飑线等对流性不稳定天气，而高层锋面上，则往往没有云形成。所以，第二型冷锋云系呈现出沿着锋线排列的狭长的积状云带，好似一道宽度约有 10 千米，高达 10 多千米的云堤。在地面锋线前方也常常出现高层云、高积云、积云。这种冷锋过境时，往往乌云翻滚，狂风大作，电闪雷鸣，大雨倾盆，气象要素发生剧变。这种天气历时短暂，锋线过后，天空豁然晴朗。在冬季，由于暖气团湿度较小，气温不可能发展成强烈

不稳定天气，只在锋线前方出现卷云、卷层云、高层云、雨层云等云系。当水汽充足时，地面锋线附近可能有很厚、很低的云层和宽度不大的连续性降水。地面锋过境后，云层很快消失，风速增大，并常出现大风。在干旱的季节，空气湿度小，地面干燥、裸露，还会有沙暴天气。这种冷锋天气多出现在中国北方的冬、春季节。

冷锋在我国活动范围甚广，几乎遍及全国，尤其在冬半年，北方地区更为常见，它是影响我国天气的最重要的天气系统之一。冬季我国大陆上空气干燥，冷锋大多从俄罗斯、蒙古进入我国北方地区，然后南下。从西伯利亚带来的冷空气与当地较暖的空气相遇，在锋面上很少形成降水。所以，冬季寒潮冷锋过境时，只形成大风降温天气。冬季时多二型冷锋，影响范围可达华南，但移到长江流域和华南地区后，常常转变为一型冷锋或准静止锋。夏季时多一型冷锋，影响范围较小，一般只达黄河流域，我国北方夏季雷阵雨天气和冷锋活动有很大的关系。

暖锋天气

暖锋的坡度很小，约为1/150。由于暖空气一般都含有比较多的水汽，且又是起主导作用，主动上升前进，在冷气团之上慢慢地向上滑升可以达到很高的高度，暖空气在上升过程中绝热冷却，达到凝结高度后，在锋面上便产生云系。如果暖空气滑升的高度足够高，水汽又比较充沛时，暖锋上常常出现广阔的、系统的层状云系。云系序列为：卷云、卷层云、高层云、雨层云。云层的厚度视暖空气上升的高度而异，一般情况下可达几千米，厚者可达对流层顶，而且愈接近地面，锋线云层愈厚。暖锋降水主要发生在雨层云内，是连续性降水，降水宽度随锋面坡度大小而有变化，一般约300～400千米。暖锋云系有时因为空气湿度和垂直速度分布不均匀而造成不连续，可能出现几十千米，甚至几百千米的无云空隙。

在暖锋锋下的冷气团中，由于空气比较潮湿，在气流辐合作用和湍流作用下，常产生层积云和积云。如果从锋上暖空气中降下的雨滴在冷气团内发生蒸发，使冷气团中水汽含量增多，达到饱和时，会产生碎积云和碎层云。如果这种饱和凝结现象出现在锋线附近的地面层时，将形成锋面雾。以上是暖锋天气的一般情况，但是在夏季暖空气不稳定时，也可能出现积雨云、雷雨等阵性降水。在春季暖气团中水汽含量很少时，则仅仅出现一些高云，很少有降水。

明显的暖锋在中国出现得较少，大多伴随着气旋出现。春秋季一般出现在江淮流域和东北地区，夏季多出现在黄河流域。

准静止锋天气

准静止锋两侧冷暖气团往往形成“对峙”状态，暖气团前进，为冷气团所阻，暖气团被迫沿锋面上滑，情况与暖锋类似，出现的云系与暖锋云系大致相同。由于准静止锋的坡度比暖锋还小，沿锋面上滑的暖空气可以伸展到距离锋线很远的地方，所以云区和降水区比暖锋更为宽广。但是，降水强度小，持续时间长，可能造成“霪雨霏霏、连月不开”的连阴雨天气。

准静止锋天气一般分为 2 类：一类是云系发展在锋上，有明显的降水。例如，中国华南准静止锋，大多是由于冷锋减弱演变而成，天气和第一型冷锋相似，只是锋面坡度更小，云区、降水区更为宽广，其降水区并不限于锋线地区，可延伸到锋面后很大的范围内，降水强度比较小，为连续性降水。由于准静止锋移动缓慢，并常常来回摆动，使阴雨天气持续时间长达十天至半个月，甚至一个月以上，“清明时节雨纷纷”就是江南地区这种天气的写照。这种阴雨天气，直至该准静止锋转为冷锋或暖锋移出该地区或锋消失以后，天气才能转晴。初夏时，如果暖气团湿度增大，低层升温，气层可能呈现不稳定状态，锋上也可能形成积雨云和雷阵雨天气。

另一类是主要云系发展在锋下，并无明显降水的准静止锋。例如，昆明准静止锋，它是南下冷空气为山所阻而呈静止状态，锋上暖空气干燥而且滑升缓慢，产生不了大规模云系和降水，而锋下的冷空气沿山坡滑升和湍流混合作用，在锋下可形成不太厚的雨层云，并常伴有连续性降水。

中国准静止锋主要出现在华南、西南和天山北侧，出现时间多在冬半年，对这些地区及其附近天气的影响很大。

锢囚锋天气

锢囚锋是由冷锋赶上暖锋或两条冷锋相遇，把暖空气抬到高空，由原来锋面合并形成的新锋面。它的天气保留着原来锋面天气的特征，例如锢囚锋是由具有层状云系的冷、暖锋并合而成，则锢囚锋的云系也是层状云，并分布在锢囚点的两侧。如果原来冷锋上是积状云，那么锢囚后，积状云与暖锋

的层状云就会相连。锢囚锋的降水不仅保留着原来锋段降水的特点，而且由于锢囚作用，上升运动进一步发展，暖空气被抬升到锢囚点以上，使云层变厚、降水增加、降水区扩大。锢囚点以下的锋段，根据锋是暖式或冷式锢囚锋而出现相应的云系。锢囚锋过境时，出现与原来锋面相联系而更加复杂的天气。

中国锢囚锋主要出现在锋面频繁活动的东北、华北地区，以春季最多。东北地区的锢囚锋大多由蒙古、俄罗斯移来，多属冷式锢囚锋。华北锢囚锋多在本地生成，属暖性锢囚锋。

锋

锋由两种性质不同的气团相接触形成，其水平范围与气团水平尺度相当，长达几百千米到几千千米。水平宽度在近地面层一般为几十千米，窄的只有几千米，宽者也不过几百千米，到高空增宽，可达200～400千米，甚至更宽些。

锋区是指冷、暖气团间狭窄的过渡地带；由于锋区的宽度同气团宽度相比显得很狭窄，因而常把锋区看成是一个几何面，称为锋面。锋面与地面的交线称为锋线。锋面和锋线统称锋。

风的概说

一年四季，我们几乎每天都在和风打交道，有和煦的春风，也有刺骨的寒风。那么，你知道风究竟是怎样来的吗？

风是怎样产生的

如果给风下一个简单的定义，可以这样说：空气在水平方向上的流动就叫做风。风是由于空气受热或受冷而导致的从一个地方向另一个地方产生移动的结果。

我们知道，太阳照射着地表的不同区域，空气受阳光的照射后，就造成了有的地方空气热，有的地方空气冷。热空气比较轻，容易向高处飞扬，就上升到了周围的冷空气之上；而冷空气比较重，会向空气比较轻的地方流动，于是空气就发生了流动现象，空气流动现象就是风。下面我们就详细地讲一讲风的形成和风带。

影响风的因素

在赤道和低纬度地区，太阳高度角大，日照时间长，太阳辐射强度强，地面和大气接受的热量多、温度较高；而高纬度地区太阳高度角小，日照时间短，地面和大气接受的热量小，温度低。这种高纬度与低纬度之间的温度差异，形成了南北之间的气压梯度，使空气作水平运动，风应沿水平气压梯度方向吹，即垂直与等压线从高压向低压吹。地球在自转，使空气水平运动发生偏向的力，称为地转偏向力。这种力使北半球气流向右偏转，南半球向左偏转。所以，地球大气运动除受气压梯度力外，还要受地转偏向力的影响，大气的真实运动是这两力综合影响的结果。

实际上，地面风不仅受这两个力的支配，而且在很大程度上受海洋、地形的影响。山隘和海峡能改变气流运动的方向，还能使风速增大。丘陵、山地却因摩擦大，使风速减少，孤立山峰却因海拔高，使风速增大。因此，风向和风速的时空分布较为复杂。

风向和风力

那么，人们是怎样来区分风的大小和风的方向的呢？天气预报中的风向指的是风吹来的方向。例如北风，就是风从北方吹来，向南行就顺风省力，朝北走则顶风费劲儿。天气预报中的风向，一共分八个方向，它们是北风、东北风、东风、东南风、南风、西南风、西风、西北风。气象中观测风的大小，就是测定空气在1秒钟内平均沿平行地面的方向运动了多少米，叫做风速，米数大就是风大，米数小就是风小。风速和天气预报中的风力有关系。例如0级就是无风，烟囱冒的烟一直向上升，风速是0~0.2米/秒；1级，叫软风，烟能随风飘，可测出风向，风速0.3~1.5米/秒；8级，叫大风，风速17.2~20.7米/秒，能折断树枝，人若顶风行走感觉阻力很大。

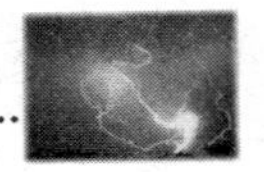

风的类型

气象学家一般把风分为五个类型，它们分别是：

海陆风

海陆风是指发生在沿海地区的、白天吹海风、夜间吹陆风、以一日为周期的周期性风系。

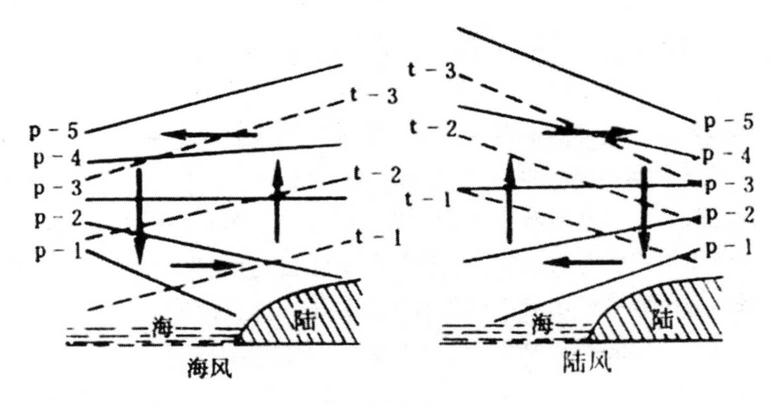

海陆风示意图

海陆风是由于海陆的热力性质的差异引起的，但影响的范围仅限于沿海地区。在沿海地区，白天陆地增温快，陆面气温高于海面，近地面空气上升形成低压，气流从海洋流向陆地，形成海风；夜间相反，陆地降温快，陆面气温低于海面，形成陆风。

海陆风对沿海地区的天气和气候有着明显的影响：白天，海风携带着海洋水汽输向大陆沿岸，使沿海地区多雾多低云，降水量增多，同时还调节了沿海地区的温度，使夏季不致过于炎热，冬季不过于寒冷。

高原季风

高耸挺拔的大高原，由于它与周围自由大气的热力差异所形成的冬夏相反的盛行风系，称为高原季风。其中，以青藏高原季风最为典型。冬季高原面上出现冷高压，气流从高原向四周流动；夏季高原面上出现热低压，气流从四周流向高原。

高原季风对环流和气候的影响很大，尤其在东亚和南亚季风区。高原形成的强季风环流，破坏了低纬行星风系，冬季出现了与哈德莱环流圈相一致的经圈环流。夏季则出现与哈德莱环流相反的经圈环流即季风环流。同时，在冬夏不同的季节，高原季风环流的方向与东亚地区因海陆热力性质差异所形成的季风的方向完全一致，两者叠加起来，使得东亚地区的季风势力特别强盛，厚度特别大。

山谷风

在山区，白天从谷地吹向山坡、夜间从山坡吹向谷地，以一日为周期的周期性风系，称为山谷风。

山谷风的形成原理跟海陆风类似。白天，山坡接受太阳光热较多，成为一只小小的“加热炉”，空气增温较多。而山谷上空，同高度上的空气因离地较远，增温较少。于是山坡上的暖空气不断上升，并在上层从山坡流向谷地，谷底的空气则沿山坡向山顶补充，这样便在山坡与山谷之间形成一个热力环流。下层风由谷底吹向山坡，称为谷风。到了夜间，山坡上的空气受山坡辐射冷却影响，“加热炉”变成了“冷却器”，空气降温较多。而谷地上空，同高度的空气因离地面较远，降温较少。于是山坡上的冷空气因密度大，顺山坡流入谷地，谷底的空气因汇合而上升，并从上面向山顶上空流去，形成与白天相反的热力环流。下层风由山坡吹向谷地，称为山风。

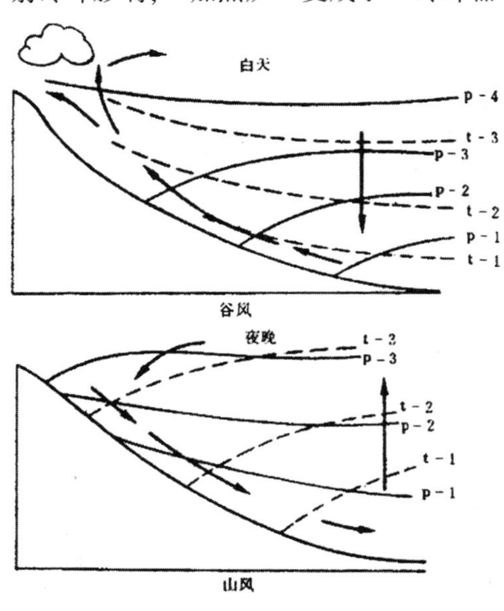

山谷风示意图

谷风的平均速度约每秒2～4米，有时可达每秒7～10米。谷风通过山隘的时候，风速加大。山风比谷风风速小一些，但在峡谷中，风力加强，有时会吹损谷地中的农作物。谷风所达厚度一般约为谷底以上500～1000米，这一厚度还随气层不稳定程度的

增加而增大，因此一天之中，以午后的伸展厚度为最大。山风厚度比较薄，通常只及300米左右。

在晴朗的白天，谷风把温暖的空气向山上输送，使山上气温升高，促使山前坡岗区的植物、农作物和果树早发芽、早开花、早结果、早成熟；冬季可减少寒意。谷风把谷地的水汽带到上方，使山上空气湿度增加，谷地的空气湿度减小，这种现象，在中午几小时内特别的显著。如果空气中有足够的水汽，夏季谷风常常会凝云致雨，这对山区树木和农作物的生长很有利。夜晚，山风把水汽从山上带入谷地，因而山上的空气湿度减小，谷地空气湿度增加。在生长季节里，山风能降低温度，对植物体营养物质的积累，块根、块茎植物的生长膨大很有好处。

焚　风

焚风是出现在山脉背面，由山地引发的一种局部范围内的空气运动形式，即通过山顶的气流在背风坡下沉而变得干热的一种地方性风。焚风往往以阵风形式出现，从山上沿山坡向下吹。

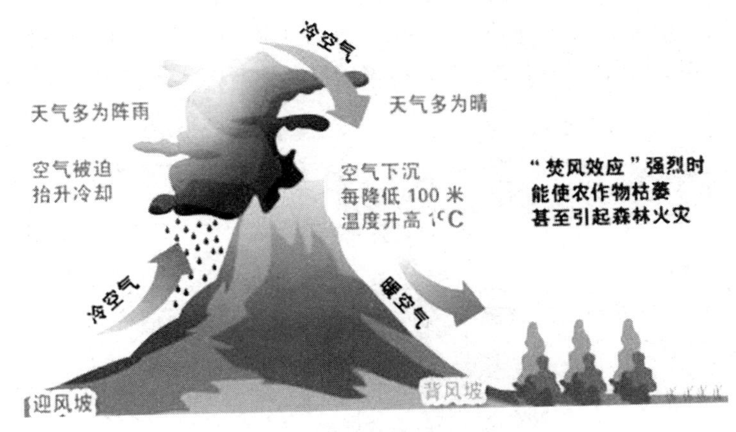

焚风示意图

焚风效应对山地自然环境的局部差异有重要意义，对植被类型的形成及生态特征、土壤的类型和形成过程都有一定的影响。焚风现象在中国西南峡谷区表现最为明显，如云南怒江谷地呈现出热带和亚热带稀树草原特征的自然环境，与焚风带来的效应是分不开的。

“城市热岛”和“城市风”

城市人口集中，工业发达，居民生活、工业生产及交通工具每天释放出大量的人为热，导致城市热力过程的总效应为：城市的温度一般高于周围的郊区和农村，城市犹如一个温暖的岛屿，称为“城市热岛”。这主要是城市上空通过乱流扩散，从暖的建筑物得到余热，并且吸收城市表面和污染层放出的长波辐射的结果。

由于热岛效应的存在，城市的年平均温度要比郊区高 0.5～1℃。一般情况下，热岛效应对最低温度的影响最为明显，可以使城市的最低温度比周围的郊区和农村高 5～6℃。有些大城市，在夜间天空少云、清晨几小时无风时，这个差别甚至可达到 6～8℃。城市热岛效应在降水性质上有非常直接的表现，如在同一时间，城市周围的农村正在降雪，但对应着的城市内部降落的却是雨夹雪或雨。据观测，热岛效应对最高温度的影响也极为显著，并且随着城市的发展，热岛效应越来越明显。

例如，1997 年 6 月 6 日是该年上海入夏后最热的一天，龙华气象站测得市区最高气温达 37.1℃，而据反映郊区气温情况的宝山气象台观测，最高温度仅为 32.6℃，市区比城郊竟高出 4.5℃。来自上海市气象局的统计资料显示：1961—1990 年的 30 年间上海夏季市区平均最高气温比郊区高 0.9℃，而 1992—

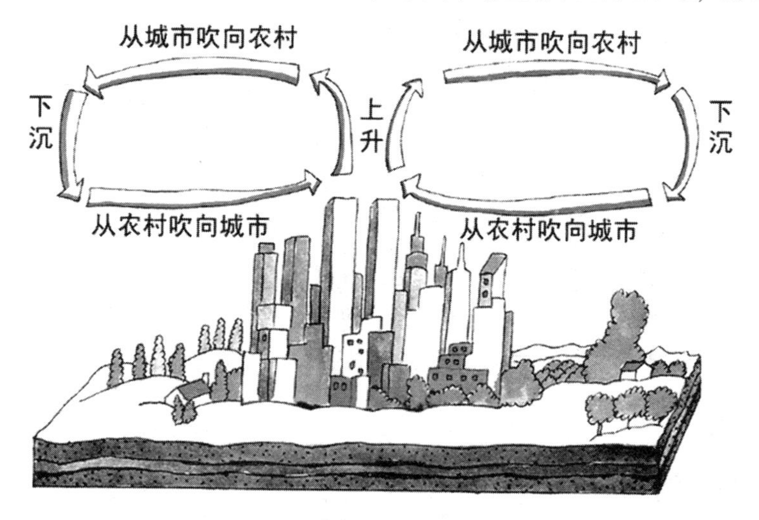

城市风示意图

1996年，市区与城郊的最高气温差达到2℃。城市热岛效应日益加剧，使上海市区夏季高温酷暑时间拉长，给人们的工作和生活带来很大不便。

由于城市热岛的存在，当大气环流较微弱时，常常引起空气在城市地区上升、郊区下沉，使得城市和郊区之间形成了一个小型的热力环流。这个小型的热力环流被气象学家称为“城市风”。

霜、雾、云与降水概说

降水是怎么回事呢？降水分为哪些形式呢？为什么下雨之前天空中总会有乌云出现呢？为什么有时候下雨，有时候下雪，有时候还会有冰雹呢？霜是怎样产生的？雾又是怎样产生的呢？我们将在本节内容中详细解释这些问题。

水的凝结

霜、雾的产生以及降水都和大气运动分不开。大气从海洋、湖泊、河流以及潮湿土壤的蒸发中或者从植物的蒸腾作用中获得水分。水分进入大气以后，由于它本身的分子扩散和气流的传递而散布于整个大气之中。在一定条件下，水汽会发生凝结，产生云、雾等许多天气现象，并且以雨、雪等形式重新回到地面。地球的水分就是通过蒸发、凝结和降水等物理过程循环不已，这些物理过程对地—气系统的热量平衡以及天气变化起着非常重要的作用。

在一定的温度下，空气中能容纳的水汽量是有限度的。当空气中的水汽量达到这个限度时，叫做“饱和状态”，超过这一限度时叫做“过饱和状态”。水汽过饱和时，如果温度高于0℃，多余的水汽会析出凝结成水滴；如果温度低于0℃，多余的水汽会直接凝华为冰晶。

饱和状态下空气中所能容纳的最大水汽量与温度的高低有很大关系。在同样体积的空气里，温度高时所能容纳的水汽量要比温度低时要大。

在一般情况下，大气中水汽的过饱和以及水滴和冰晶的形成大都是由空气冷却引起的。因此，空气变冷是大气中发生凝结和凝华过程的主要条件。

但是仅仅具备这个条件是不够的，要形成水滴和冰晶，还需要有凝结核。因为空气中如果没有任何杂质，即使已达到过饱和状态，水汽分子也无从依

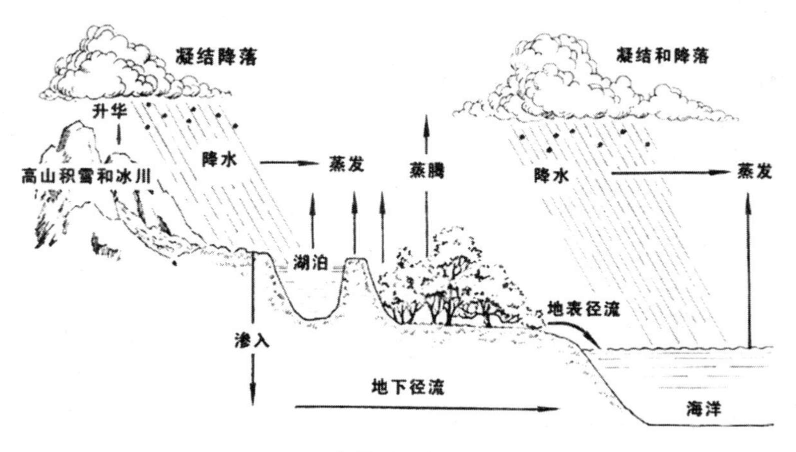

水循环示意图

附。水汽分子偶尔相互合并成微小水滴，也会因其很微少而迅速蒸发掉，而凝结核在大气中到处都存在，如盐粒、烟粒、尘埃等。

因此，当大气中的水汽达到过饱和时，多余的水汽就以这些微粒为核心凝结或凝华成小水滴或小冰晶，并逐渐增大。大气中的水滴和冰晶就是这样形成的。

霜是怎样形成的

水的凝结现象最直观的是露和霜。傍晚或夜间，地面或地物由于辐射冷却，使贴近地表面的空气层也随之降温，当其温度降到零点以下，即空气中水汽含量过饱和时，在地面就会有水汽的凝结物。如果此时的温度在0℃以上，在地面或地物上就出现微小的水滴，称为露。

露的形成条件是：贴地空气湿度要大，地面不利于传导热量，而易于发生凝结，如疏松的土壤表面，植物的叶面；有利于辐射冷却的天气条件，如晴朗微风的夜晚。

在晴朗微风的夜晚有利于辐射冷却是由于微风可使辐射冷却在较厚的气层中充分进行，而且可使贴地空气得到更换，保证有足够多的水汽供应凝结。而无风时可供凝结的水汽不多，风速过大时由于湍流太强，又会使贴地空气与上层较暖的空气发生强烈混合，导致贴地空气降温缓慢，不利于露和霜的生成。

在温带地区夜间露的降水量约相当于0.1～0.3毫米的降水层。在许多热带地区就更加可观了，多露之夜可有相当于3毫米的降水量，平均约1毫米。露的量虽有限，但对植物很有利，尤其在干燥地区和干热天气，夜间的露常有维持植物生命的功用，例如在埃及和阿拉伯沙漠中，虽数月无雨，植物还可以依赖露水生长发育。

草上的露

如果温度在0℃以下，则水汽直接在地面或地物上凝结成白色的冰晶，称为霜。霜一般形成在寒冷季节里晴朗、微风或无风的夜晚。

霜是一种白色的冰晶，多形成于夜间。少数情况下，在日落以前太阳斜照的时候也能开始形成。通常，日出后不久霜就融化了，但是在天气严寒的时候或者在背阴的地方，霜也能终日不消。

霜的形成和当时的天气条件有关。当物体表面的温度很低，而物体表面附近的空气温度却比较高，那么在空气和物体表面之间有一个温度差。如果物体表面与空气之间的温度差主要是由物体表面辐射冷却造成的，则在较暖的空气和较冷的物体表面相接触时空气就会冷却，达到水汽过饱和的时候多余的水汽就会析出。如果温度在0℃以下，则多余的水汽就在物体表面上凝结为冰晶，这就是霜。因此，霜总是在有利于物体表面辐射冷却的天气条件下形成。

另外，云对地面物体夜间的辐射冷却是有妨碍的，天空有云不利于霜的形成，因此，霜大都出现在晴朗的夜晚，也就是地面辐射冷却强烈的时候。

此外，风对于霜的形成也有影响。有微风的时候，空气缓慢地流过冷物体表面，不断地供应着水汽，有利于霜的形成。但是，风大的时候，由于空气流动得很快，接触冷物体表面的时间太短，同时风大的时候，上下层的空气容易互相混合，不利于温度降低，从而也会妨碍霜的形成。大致说来，当风速达到3级或3级以上时，霜就不容易形成了。

中国北方地区的霜

霜的形成也与地面物体的属性有关。霜是在辐射冷却的物体表面上形成的，所以物体表面越容易辐射散热并迅速冷却，在它上面就越容易形成霜。同类物体，在同样条件下，假如质量相同，其内部含有的热量也就相同。如果夜间它们同时辐射散热，那么，在同一时间内表面积较大的物体散热较多，冷却得较快，在它上面就更容易有霜形成。这就是说，一种物体，如果与其质量相比，表面积相对大的，那么在它上面就容易形成霜。草叶很轻，表面积却较大，所以草叶上就容易形成霜。另外，物体表面粗糙的，要比表面光滑的更有利于辐射散热，所以，在表面粗糙的物体上更容易形成霜，如土块。

霜的消失有两种方式：一是升华为水汽，一是融化成水。最常见的是日出以后因温度升高而融化消失。霜所融化的水，对农作物有一定好处。

雾是怎么回事

雾和云则是水汽在空中凝结形成的。由大量小水滴、小冰晶或两者混合构成的可见集合体，高悬于空中的称为云；飘浮于近地面，使水平能见度小于1千米的称为雾。雾和云都是由浮游在空中的小水滴或冰晶组成的水汽凝结物，只是雾生成在大气的近地面层中，而云生成在大气的较高层而已。

雾形成的有利条件是近地面空气中水汽充足，有使水汽发生冷却过程，

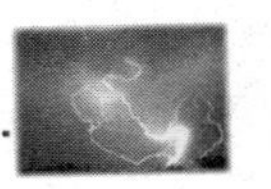

有凝结核。雾既然是水汽凝结物，因此应从造成水汽凝结的条件中寻找它的成因。大气中水汽达到饱和的原因不外两个：一是由于蒸发，增加了大气中的水汽；另一是由于空气自身的冷却。对于雾来说冷却更重要，当空气中有凝结核时，饱和空气如继续有水汽增加或继续冷却，便会发生凝结。凝结的水滴如使水平能见度降低到1千米以内时，雾就形成了。

因此，凡是在有利于空气低层冷却的地区，如果水汽充分，风力微和，大气层稳定，并有大量的凝结核存在，便最容易生成雾。一般在工业区和城市中心形成雾的机会更多，因为那里有大量的凝结核存在。

雾的分类方法

根据空气达到过饱和的具体条件不同，通常把雾分为以下几种：辐射雾、平流雾、蒸气雾、上坡雾、锋面雾等。

(1) 辐射雾：由地面辐射冷却使贴地气层变冷而形成，多见于秋冬季无云的夜间。

这种雾是空气因辐射冷却达到过饱和而形成的，主要发生在晴朗、微风、近地面、水汽比较充沛的夜间或早晨。这时，天空无云阻挡，地面热量迅速向外辐射出去，近地面层的空气温度迅速下降。如果空气中水汽较多，就会很快达到过饱和而凝结成雾。

另外，风速对辐射雾的形成也有一定影响。如果没有风，就不会使上下层空气发生交换，辐射冷却效应只发生在贴近地面的气层中，只能生成一层薄薄的浅雾。如风太大，上下层空气交换很快，流动也大，气温不易降低很多，则难以达到过饱和状态。在1～3米/秒的微风时，有适当强度的交流，既能使冷却作用伸展到一定高度，又不影响下层空气的充分冷却，因而最利于辐射雾的形成。

辐射雾出现在晴朗无云的夜间或早晨，太阳一升高，随着地面温度上升，空气又回复到未饱和状态，雾滴也就立即蒸发消散。因此早晨出现辐射雾，常预示着当天有个好天气。“早晨地罩雾，尽管晒稻谷”、“十雾九晴”指的就是这种辐射雾。

(2) 平流雾：由于暖湿空气流到冷的下垫面上，冷却降温，水汽发生凝结形成。一般地说，平流雾比辐射雾范围广，厚度大，持续时间长，多见于沿海地区、海面、冷暖流交汇处。

平流雾

形成平流雾的天气条件有：下垫面与暖湿空气的温差大；暖湿空气的湿度大；适宜的风向（由暖向冷）和风速（2～7 米/秒）。

只要有适当的风向、风速，雾一旦形成，就常持续很久。如果没有风，或者风向转变，暖湿空气来源中断，雾也会立刻消散。

（3）蒸气雾：如果水面是暖的，而空气是冷的，当它们温差较大的时候，水汽便源源不断地从水面蒸发出来，闯进冷空气，然后又从冷空气里凝结出来成为蒸气雾。

一般在南方的暖洋流进到极地区域时，极地的冷空气覆盖在暖水面上而形成蒸汽雾。例如，北大西洋上就有一股强大的墨西哥湾流的暖洋流，经常突入北极的海洋上，造成北极洋面上大规模的蒸汽雾。有时候，北极的冷空气停留在冰面上，在冰面裂开的地方，冰下较暖的水就露出来，形成局部的蒸汽雾，蒸汽雾大都出现在高纬度的北极地区，所以人们常称它为“北极烟雾”。

除了极地区域外，冷空气覆盖暖水面的情形还常出现在内陆湖滨地区。夜间湖水面比陆面暖，当夜间陆风吹到暖的湖面上时，在湖面上就会形成一层比较浅薄的蒸汽雾。秋、冬季节，每当冷空气南下以后，在天晴风小的早

晨，暖水面还来不及冷却时，就弥漫着这种蒸汽雾。

（4）上坡雾：这是潮湿空气沿着山坡上升，绝热冷却使空气达到过饱和而产生的雾。这种潮湿空气必须稳定，山坡坡度必须较小，否则形成对流，雾就难以形成。

（5）锋面雾：经常发生在冷、暖空气交界的锋面附近。锋前锋后均有，但以暖锋附近居多。锋前雾是由于锋面上面暖空气云层中的雨滴落入地面冷空气内，经蒸发，使空气达到过饱和而凝结形成。而锋后雾，则由暖湿空气移至原来被暖锋前冷空气占据过的地区，经冷却达到过饱和而形成的。

云和云的分类方法

云是气块上升过程绝热冷却降温，使水汽达到饱和或过饱和和发生凝结而形成的。绝热冷却是指任一气块与外界无热量转换时的状态变化过程。

水汽从蒸发表面进入低层大气后，这里的温度高，所容纳的水汽较多。如果这些湿热的空气被抬升，温度就会逐渐降低，到了一定高度，空气中的水汽就会达到饱和。如果空气继续被抬升，就会有多余的水汽析出。如果那里的温度高于0℃，则多余的水汽就凝结成小水滴；如果温度低于0℃，则多余的水汽就凝化为小冰晶。在这些小水滴和小冰晶逐渐增多并达到人眼能辨认的程度时，就是云了。

积雨云

根据形成云的上升气流的特点，云可分为对流云、层状云和波状云三大类。对流云包括淡积云、浓积云、秃积雨云和鬃积雨云，卷云也属于对流云；层状云包括卷层云、高层云、雨层云和层云；波状云包括层积云、高积云、卷积云。

降　水

从云中降到地面上液态或固态水，称为降水，常见的有雨、雪、冰雹、霰等。降水的多少用降水量表示。降水量指降落到地面上的雨和融化后的雪、冰雹等未经蒸发、渗透、流失而集聚在水平面上的水层厚度。降水量的单位是毫米。

降水和热量一样，是地球表面一切生命过程的基础，是塑造自然地理环境和影响人类活动的重要因素。

降水是云中水滴或冰晶增大的结果。从雨滴到形成降水需具备两个基本条件：一是雨滴下降速度超过气流上升速度；二是雨滴从云中降落到地面前不被完全蒸发。降水的形成，必须经历云滴增大为雨滴、雪花及其他降水物的过程。云滴增长主要有两个过程：

（1）云滴的凝结（凝华）增长。在云的发展阶段，云体上升绝热冷却，或不断有水汽输入，使云滴周围的实际水汽压大于其饱和水汽压，云滴就会因水汽凝结或凝华而逐渐增大。当水滴和冰晶共存时，在温度相同的条件下，冰面水汽压小于水面水汽压，水滴将不断蒸发变小，而冰晶则不断凝华增大这种过程称为冰晶效应。

（2）云滴的冲并增长。云滴大小不同，相应具有不同的运动速度。云滴下降时，个体大的云滴落得快，个体小的慢，于是大云滴“追上”小云滴，碰撞合并成为更大的云滴，这个过程就是云滴的冲并增长。

冰 雹

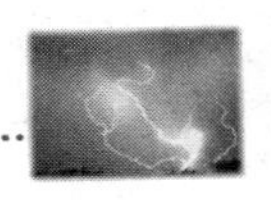

地球上最大年降水量出现在印度乞拉朋齐。1861 年，乞拉朋齐曾降水 23000 毫米。平均年降水量以夏威夷考爱岛的迎风坡最多，达 12040 毫米。日最大降水量出现在印度洋的留民旺岛，1952 年 3 月，那里日降水量竟然达到 1870 毫米，比中国台湾的火烧寮还多出 200 毫米。

最少的降水量出现在沙漠上。撒哈拉年降水量大都不到 50 毫米。埃及的阿斯旺和阿尔及利亚的英沙拉，多年平均降水量都是零。中亚沙漠年降水量也在 50 毫米以下，如中国新疆且末县只有 9.4 毫米，若羌县也只有 16.9 毫米。

雷　电

说起降水，不能不说一说雷电。一说起降水，大家都会想到雷电；同样，一说起电闪雷鸣，大家往往会想起暴风雨，可见雷电是与云雨有关系的。其实闪电是云层和云层之间或云层与地面之间的一种放电现象，而放电时所发出的巨大声响就是打雷。

雷电一般出现在积雨云里。积雨云常常是由于上下层空气发生强烈的对流运动而产生的。就像夏天午后，近地面的空气被太阳烤得很热，热空气上升在高空遇到冷空气就容易产生积雨云。在积雨云中或云块之间存在着大量的正负电荷。空气对流得愈厉害，云翻滚得愈猛烈，云的上下部聚集的电荷就愈多，在云块之间或云与大地之间就会产生很强的电场和电位差。当电场强度很大时，就能把阻隔在云之间或云与大地之间的空气击穿而产生放电现象，发出耀眼的光芒，这就是闪电。在闪电经过的通道上，能使空气温度猛然剧增到 20000℃，空气受热和水滴汽化后会猛烈膨胀,发出巨响，这就是打雷。

雷　电

说来奇怪，这种现象除与空气对流速度有关外，还与植物有关。地球上生长着大量芳香植物，每年可向大气散发1.5亿吨左右的芳香物质。当它们迎着阳光飞散时，每一滴芳香物质都带有正电荷，它们以自己为核心，把大气中的水分吸到自己周围，形成水汽层。并逐渐积累扩展，最后形成可以发生电闪雷鸣的大块乌云。到了冬季，北方的芳香植物大部分死亡，有些处于休眠状态。因此，在这些地区，虽然时常下起纷纷扬扬的大雪，却极少听到雷声。两极地区和沙漠地带难得有雷雨天气，也是缺少芳香植物的缘故。

你可能要问，那海洋上空为什么雷电也很少？那是因为海洋中虽有大量水生植物，它们虽然也能产生许多芳香物质，但大部分被溶解在水中，没有机会进入空气。

雷电是一种天气现象。它虽然不像暴雨和干旱那样，造成大面积的灾害，但是有时会给人带来危险；闪电能击倒房屋，击毁电器设备，引起森林火灾，有时还会击中行人，例如有三个法国士兵在树下躲雨，雨停后，三人还不动，有人跟他们打招呼，三名士兵也不答话，一摸立刻倒地，化成灰烬，原来他们被闪电击毙了。闪电还常制造一些怪事，有的闪电火球在飞机机舱中滚来滚去，却不伤一人；有的闪电把冰箱变成了烤箱，把箱中的生食变成熟品；有的雷电将一群羊中黑色的全部击毙，而白色的却安然无恙；有的雷电将盲人复明，使聋人闻声。

闪电的颜色多种多样，有红色、绿色、白色、黄色。闪电的形状也变化莫测，有球状、枝状、串珠状。

人们最关心的是怎样躲避雷电。一般地说，遇到雷阵雨时，应待在室内，并关好门窗；如在野外，不要靠近高大的物体，如旗杆和大树等；在空旷的地方要蹲在地上，仅用双脚触地；避免接近金属物体；人群要及时散开；游泳者和划船者要尽快离开水面；要关闭电器，拔掉插销；不要打电话。工厂企业、大型室外电器设备、高大建筑物如水塔、烟囱等要安装避雷针。

人工降雨

人工降雨，是根据不同云层的物理特性，选择合适时机，用飞机、火箭向云中播撒干冰、碘化银、盐粉等催化剂，使云层降水或增加降水量，以解

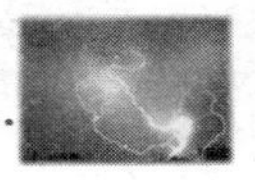

除或缓解农田干旱、增加水库灌溉水量或供水能力，或增加发电水量等。中国最早的人工降雨试验是1958年在吉林省进行的，这年夏季吉林省遭受到60年未遇的大旱，人工降雨获得了成功。1987年在扑灭大兴安岭特大森林火灾中，人工降雨也发挥了重要作用。

气象灾害概说

什么是气象灾害

气象灾害，一般包括天气、气候灾害和气象次生、衍生灾害。天气、气候灾害，是指因台风、暴雨雪、雷暴、冰雹、大风、沙尘、龙卷风、大雾、高温、低温、连阴雨、冻雨、霜冻、结冰、寒潮、干旱、热浪、洪涝、积涝等因素直接造成的灾害。

气象次生、衍生灾害，是指因气象因素引起的山体滑坡、泥石流、风暴潮、森林火灾、酸雨、空气污染等灾害。

气象灾害有20余种，主要有以下种类。

被洪水浸泡的福州大学

泥石流示意图

（1）暴雨：山洪暴发、河水泛滥、城市积水；

（2）雨涝：内涝、渍水；

（3）干旱：农业、林业、草原的旱灾，工业、城市、农村缺水；

（4）干热风：干旱风、焚风；

（5）高温、热浪：酷暑高温、人体疾病、灼伤、作物逼熟；

（6）热带气旋：狂风、暴雨、洪水；

（7）冷害：由于强降温和气温低造成作物、牲畜、果树受害；

（8）冻害：霜冻，作物、牲畜冻害，水管、油管冻坏；

（9）冻雨：电线、树枝、路面结冰；

（10）结冰：河面、湖面、海面封冻，雨雪后路面结冰；

（11）雪害：暴风雪、积雪；

（12）雹害：毁坏庄稼、破坏房屋；

龙卷风

（13）风害：倒树、倒房、翻车、翻船；

（14）龙卷风：局部毁坏性灾害；

（15）雷电：雷击伤亡；

（16）连阴雨（淫雨）：对作物生长发育不利、粮食霉变等；

（17）浓雾：人体疾病、交通受阻；

(18) 低空风切变：(飞机) 航空失事；

(19) 酸雨：作物等受害。

影响中国的气象灾害有哪些

气象灾害是自然灾害中最为频繁而又严重的灾害。中国是世界上自然灾害发生十分频繁、灾害种类甚多、造成损失十分严重的少数国家之一。每年由于干旱、洪涝、台风、暴雨、冰雹等灾害危及人民生命和财产的安全，国民经济也受到了极大的损失。而且，随着经济的高速发展，自然灾害造成的损失亦呈上升发展趋势，直接影响着社会和经济的发展。那么，影响中国的气象灾害主要有哪些呢？

影响中国的气象灾害主要有以下几种。

(1) 干旱：干旱是在足够长的时期内，降水量严重不足，致使土壤因蒸发而水分亏损，河川流量减少，破坏了正常的作物生长和人类活动的灾害性天气现象。干旱的结果造成农作物、果树减产，人民、牲畜饮水困难及工业用水缺乏等灾害。干旱是影响中国农业最为严重的气象灾害，造成的损失相当严重。据统计，中国农作物平均每年受旱面积达2000万公顷，成灾面积达

北方的冬旱常常造成小麦枯死

800 万公顷，每年因旱减产平均达 100 亿～150 亿千克，每年由于缺水造成的经济损失达 2000 亿元。目前，全国 420 多个城市存在干旱缺水问题，缺水比较严重的城市有 110 个。全国每年因城市缺水影响产值达 2000 亿～3000 亿元。

（2）暴雨：暴雨是短时内或连续的一次强降水过程，在地势低洼、地形闭塞的地区，雨水不能迅速排泄造成农田积水和土壤水分过度饱和给农业带来灾害。暴雨甚至会引起山洪暴发、江河泛滥、堤坝决口，给人民和国家造成重大经济损失。中国气象部门规定，24 小时降水量为 50 毫米或以上的雨称为“暴雨”。长江流域是暴雨、洪涝灾害的多发地区，其中两湖盆地和长江三角洲地区受灾尤为频繁。1983、1988、1991、1998 和 1999 年等都发生过严重的暴雨洪涝灾害。

南方冰雪灾害：大雪覆盖着葱绿的树木

（3）台风：台风是一种热带气旋。热带气旋是在热带海洋大气中形成的中心温度高、气压低的强烈涡旋的统称。造成狂风、暴雨、巨浪和风暴潮等恶劣天气，是破坏力很强的天气现象。近年来，因其造成的损失年平均在百

亿元人民币以上，像2004年在浙江登陆的“云娜”，一次造成的损失就超过百亿元人民币。

（4）冰雹：冰雹灾害是指在对流性天气控制下，积雨云中凝结生成的冰块从空中降落而造成的灾害。冰雹常常砸毁大片农作物、果园，损坏建筑物，威胁人类安全，是一种严重的自然灾害，通常发生在夏、秋季节里。中国冰雹灾害发生的地域很广，据统计，1993年农业因冰雹受灾面积达9900多万亩，1994年达5600多万亩。

（5）低温冷冻：低温冷冻灾害主要是冷空气及寒潮侵入造成的连续多日气温下降，致使作物损伤及减产的农业气象灾害。严重冻害年如1968、1975、1982年因冻害死苗毁种面积达20%以上。1977年10月25—29日强寒潮使内蒙古、新疆积雪深0.5米，草场被掩埋，牲畜大量死亡。

（6）雪灾：长时间大量降雪造成大范围积雪成灾的自然现象。雪灾的危害主要有严重影响甚至破坏交通、通讯、输电线路等生命线工程，对人民生产、生活影响巨大。2008年1月，中国南方地区出现百年罕见的大雪，湖南、贵州、湖北、安徽、江西、江苏、浙江等南方省份大范围受灾，造成的直接经济损失竟达1516亿元之多。

洪　水

先说一说我们的祖先是如何跟洪水展开斗争的。在传说中夏代以前人们还生存在原始部落，当时有三代领袖：尧、舜、禹。尧把部落领袖的位置传让给舜，舜又传让给禹。舜在位时，夜间有五颗大星出现，看上去像珠子一样连成一串。舜就召来一些长者，请他们断定吉凶。长者们说：“从前在北极之外，又有大海，水浪滔天，把太阳都淹没了。海里有大鱼和巨龙，一吐气整个世界都昏暗了，一摇尾巴三山五岳都晃荡。巨龙上天时，河海的水都被搅得漫出来，这就是要发大水啊！”

这些长者说的没错，从尧在位时就发大水，给人们造成巨大灾难。尧就命令鲧去领导治水。鲧偷了天帝的土来堵埋洪水，结果越堵越厉害，九年也没取得成功。尧下令处死鲧，鲧就在羽渊这个地方溺水而死。

鲧的儿子叫禹，尧又命禹继续领导治水。到舜当首领以后，禹领着人们冒着寒风，顶着酷暑，年复一年地在地上挖大沟，凿通山川。他汲取了鲧的教训，不再用土掩水，而要用沟渠把水导走。为了凿通龙关山，从几百里外

大禹像

的积石山开始直到龙门要凿出一个大空穴来。禹亲自探察地形，他进入一个大山穴，里面一点光亮也没有，禹就点上火把一步一步地向前探索。这段时间里，他连昼夜都无法分辨。在他的努力下，终于弄清了地势，凿通了龙门，把河水从这里排泄出去。禹为了致力于治水大业，在丛山峻岭中领着人们一干就是十三年。这期间，他腿上的汗毛都磨光了，脚上长了厚厚的老茧，有三次他路过自己的家门，都顾不上回家去看一眼。他的妻子抱着儿子天天站在山头盼他回家，但他不治好洪水决不回家。最后，他终于让黄河水东流入海，把水利工程从陕西一带一直建设到浙江。为人类树立了不向自然力屈服，合理运用规律进行奋斗，使人类在自然力威胁下顺利生存和发展下来。

后人无限感激和怀念禹，在浙江绍兴会稽山下建了纪念他的庙。禹庙旁边有条石船，一丈（约3.3米）多长，相传是禹乘坐的。庙中还有铁制的鞋底，相传是禹穿用的。到了三千多年前的商周时代，人们在原始诗歌中歌颂禹的功绩，诗中唱道：“大水向东流，这都是禹的功绩。”还有一首诗唱道：“当茫茫的洪水铺天而来时，是禹治理了它，才又露出了地面的土壤。”

直到现在，有些纪念禹的古迹还可以见到。大禹为人类幸福而献身的精神，永远激励着后来的人们。

从科学的角度上看，禹是有史记载的人类第一次同洪水搏斗，以维护人类的生存环境和条件的人，也是人类第一次化水害为水利，运用自然规律治水的人。虽然我们已经无法考证鲧和禹传说的确切性，但这些传说足以证明从远古时期起，我们的祖先就已经在争取生存的斗争中逐步摸索和掌握治洪治涝的方法，就已经开始兴建自己的水利设施了。无论是堵掩也好，还是疏

绍兴禹庙

浚也好，都是治理水患的最基本方法。今天世界上巨大的防波堤，拦河大坝，都是“堵”的方法的现代发展，而挖运河，疏通河道，又都是“疏”的方法的具体运用。

台　风

讲完了我们的祖先和洪水搏斗的故事，我们再来看看影响我国最为严重的风灾——台风。台风大多产生在对流性云团中，因而初生台风附近有块状云团，随着台风的不断加深发展，形成了围绕台风眼区的特有的近于团环形的浓厚云区。

依据台风的卫星云图和雷达回波，气象学家发现发展成熟的台风云系由外向内有：

（1）外螺旋云带。由层积云或浓积云组成，以较小的角度旋向台风内部。

（2）内螺旋云带。一般由数条积雨云或浓积云组成的云带直接卷入台风内部。

（3）云墙。是由高耸的积雨云组成的围绕台风中心的同心圆状云带，云顶高度可达 12 千米以上，好似一堵高耸的云墙。

（4）台风眼区。因气流下沉，晴空无云。如果低层水汽充沛，逆温层以下也可能产生一些层积云和积云，但垂直发展不盛，云隙较多，台风区内水汽充沛，气流上升强烈，往往能造成大量降水（200～300 毫米，甚至更多），降水属阵性，强度很大，主要发生在垂直云墙区以及内螺旋云带区，眼区一般无降水。

那么台风是怎样形成的呢？热带海洋上的空气因受热而对流上升，四周较冷的空气流入补充，然后再受热上升，如此循环往复，形成了热带低压。在夏秋季节，西南季风与东北信风相遇时造成扰动产生旋涡。这种扰动与对流作用相辅相成，使已形成的热带低压的旋涡继续加深，也就是使四周空气流动得更快，风速加大，于是就演变成热带风暴→强热带风暴→台风。

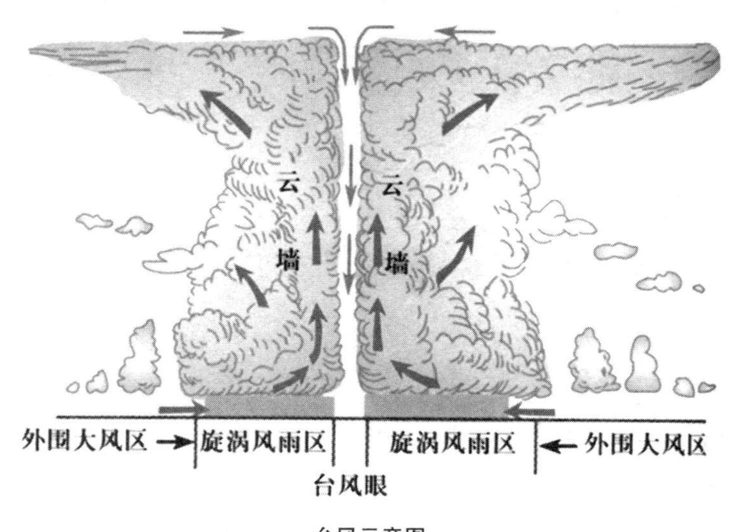

台风示意图

台风形成的基本条件是低空存在一个热带扰动，造成辐合流场，这是热带气旋发展的基础。有广阔的高温洋面，蒸发大量水汽到空中凝结，提供台风形成所需的巨大潜热。有一定的地转偏向力，使扰动气流渐变为气旋性旋转的水平涡旋。基本气流的风速垂直切变要小，使潜热不扩散，形成、保持暖心结构及加强对流运动。

什么地方能同时具备这些条件呢？只有在热带的海洋上。那里气温非常高，又是地球上水汽最丰富的地方。据统计，产生台风的海洋，主要有菲律

宾以东的海洋、中国南海、西印度群岛以及澳洲东海岸等。这些地方海水温度比较高，也是南北两半球信风相遇的区域，因此台风就很容易产生。

产生在海洋上的台风是怎样对中国沿海地区造成影响的呢？这就要从台风的路径说起了。台风路径尽管是千变万化的，但是在相似形势和条件的影响下，还是有其共同的特征。根据它们的主要特点，可以将西太平洋台风的基本路径概括为以下三类。

第一类为西移路径：台风从菲律宾以东海面一直向西移动，经中国南海，在华南沿海和海南岛、越南沿海一带登陆。这条路径的台风对中国华南地区影响较大。

第二类为西北移路径：台风自菲律宾以东海面向西北方向移动，横穿中国台湾和台湾海峡，在闽、粤一带登陆；或者穿过琉球群岛，在江、浙沿海登陆。这条路径的台风常常侵袭中国大陆，对华东、华南均有很大的影响，所以有人称之为“登陆型台风路径”。

第三类为转向路径：台风在菲律宾以东海面先向西北方向移动，以后转向东北，呈抛物线状，是最多见的路径。如台风在远海转向，主要袭击日本或在海上消失；如台风在近海转向，大多向东北方向移动，影响朝鲜，但有一小部分在北上的后期会折向西北行，登陆于中国辽鲁沿海。冬季这类台风的转向点很偏南，有可能影响菲律宾和中国台湾一带。

台风移动路径随季节而异。一般说来，夏季台风多属路径第二类，其他季节则多属路径第一和第三类。其中从东向西的西进型路径，自冬至夏是从低纬向高纬慢慢迁移，自夏至冬又返回低纬。据统计，1—4 月台风多在 10°N 以南西移，5—6 月多在 10° ~ 15°N 之间西移，7—8 月主要路径显著北移，在 15° ~ 25°N 之间西移影响中国。9—10 月开始南退，多在 15° ~ 20°N 之间西移，11—12 月台风路径南退到 10° ~ 15°N 之间西移。至于转向台风，各月平均转向点亦随季节变化，自冬至夏很有规律地从低纬向高纬移，盛夏达到最北，而且转向点从东向西移；自夏至冬则转向点从高纬移向低纬，从西移向东。

以上台风路径是多年平均得出的典型路径，反映了台风移动的一般规律。但实际上，在历史上台风从来没有出现过两次完全相同的路径，有些台风甚至会出现打转、摆动、准静止甚至倒退等异常路径。至于南海台风有的还会向西南，或东南方向移动。

天气预报员在预报台风的时候，总说台风“某某”会在未来多长时间内在我国东南沿海地区登陆。这是怎么回事呢？原来人们给台风起了名字。根据世界台风委员会第31届会议的决议，从2000年1月1日起，采用具有亚洲风格的名字对西北大西洋和南海生成的热带气旋进行命名，旨在帮助人们对热带气旋提高警觉，增强警报效果。

气候概说

QIHOU GAISHUO

本章主要介绍了各种气候类型和气候带、中国和世界的气候，以及气候和人类的关系等内容。气候是长时间内气象要素和天气现象的平均或统计状态，时间尺度为月、季、年、数年到数百年以上。气候以冷、暖、干、湿这些特征来衡量，通常由某一时期的平均值和离差值表征。气候的形成主要是由于热量的变化而引起的。

气候的成因

赤道地区终年高温多雨，而南北极地区即使在夏季也非常寒冷，这是怎么回事呢？这就涉及气候的问题了。

气候是怎样形成的

一般认为某一地方的气候形成是与大气、海洋、陆地表面、冰雪覆盖层和生物圈等五大因素有密切关系的。这些因子在短时期内的变化微小，使气候也较稳定；对于不同地区而言，由于各地所处的纬度位置不同，所接受的太阳辐射能量的多少不同，受海陆影响的程度和大气环流系统的配置不同，

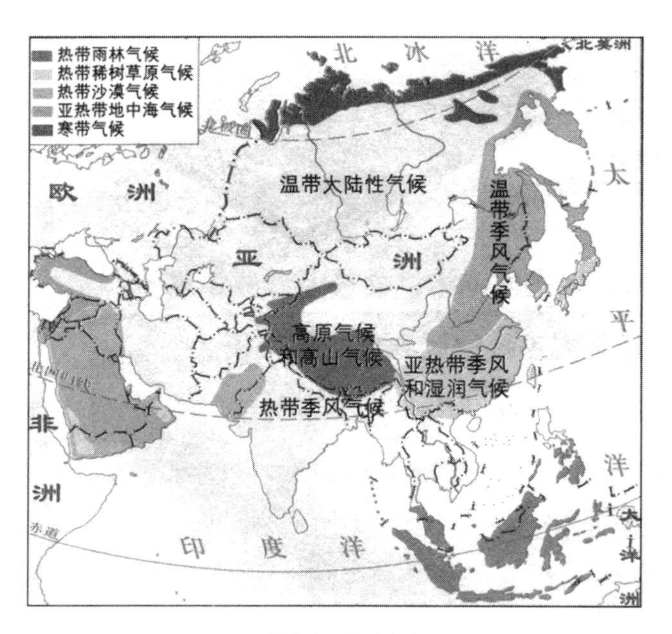

亚洲气候类型分布

因而，各地的气候就有各自不同的特点。科学家在研究气候的时候，往往把它分为气候带和气候型。地球上的气候是多种多样、千万变化、错综复杂的，几乎找不到任何两个地方的气候是完全相同的，也没有任何一个地方的气候每年的状况都是一样的。然而，气候的分布却具有明显的规律性或地带性，特别是在地势比较平坦的海洋或平原，地带性就更为明显。气候的地带性，引起地理环境中的土壤、生物、水体等都具有地带性。

所以，阐述气候的形成就必须分析各个形成因子的作用，并综合考虑诸因子对某地气候的影响。

辐射作用与气候

海陆表面的热能主要来自太阳，太阳辐射能是大气中一切物理过程的原动力。各地气候差异的基本原因是太阳辐射能量在地球上分布不均匀。各地全年所得太阳辐射因纬度而异，即随着纬度的增高而减少。各地所得太阳辐射量的季节变化也因纬度而不同，即随纬度的增高季节变化加大。由此可看出都表现在纬度的差异上。

如果把地面和上面的空气柱看作是一个整体，那么收入的辐射（地面和大气吸收的太阳辐射）和支出辐射（返回宇宙间的地面和大气的长波辐射）的差额，就是地—气系统的辐射平衡。辐射差额赤道最大，向高纬度逐渐变小。由赤道到纬度30°地区为正值，在30°以上变为负值。它的绝对值向高纬度增加而到极地为最大。由此可见，热带和副热带热量收入大于支出，而温度和寒带则支出大于收入，因此必然会发生热量由赤道向两极输送的情况。

我们分析一下纬度所引起的辐射因子的最简单的情况，也就是在大气上界的太阳辐射情况，即天文辐射。因为大气上界排除了大气对太阳辐射的影响，那么太阳光热的分布，只受日地距离、日照时数和太阳高度（即太阳入射角）三个因素的影响，尽管这是一种纯理论研究的理想情况，但它与今天地表面的实际辐射情况大体相似。而且，它是实际辐射情况的基础，是今天世界辐射分布和气候状况的基本轮廓。因此，它是具有现实意义的。

（1）天文辐射日总量的分布在纬度方向上是不均衡的。在春、秋分日，太阳直射赤道，单位面积上所获得太阳光热最多，而且在南北半球各相当纬度的太阳高度角对称分布，大致相同，日照时间也相等，获得等量的太阳辐

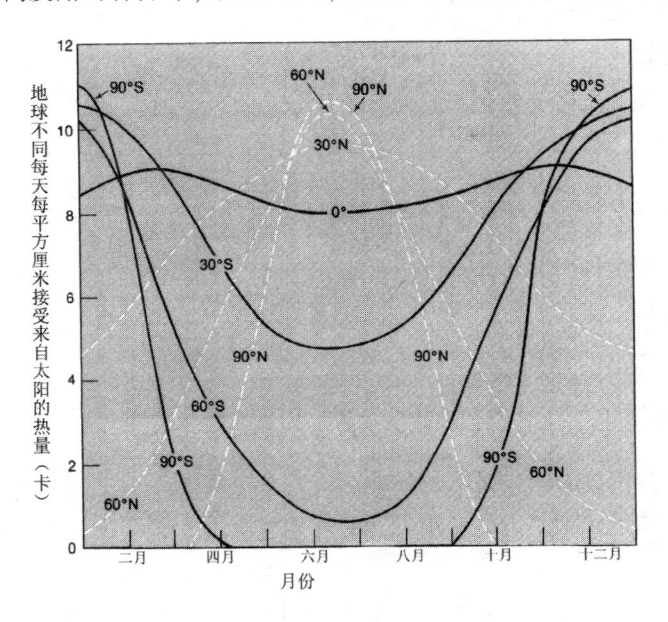

太阳辐射能分布

射，并向两极逐渐减少。故赤道地区全年有两个最高值（春分日和秋分日），使低纬度气温的年变化具有“双峰型”的特点。在夏至日，太阳直射北回归线，这时南极圈以内的地区出现极夜，日照时间自南极圈向北逐渐增大；太阳高度自南极圈的0°逐渐向北增大，至北回归线达最高，再向北又逐渐减小。因此，太阳辐射的分布自南极圈起向北递增。在北极圈附近，由于日照时数的增长大于因太阳高度角的减小而少得的太阳辐射，所以到达北极出现了最高值（冬至日情况与此相反）。这样，就使高、中纬度的气温年变化呈现“单峰型”的特点。

（2）天文辐射日总量的年变化，是随纬度的增高而加大的。赤道上为109卡/厘米^2·日，极地则为1110卡/厘米^2·日，二者相差10倍。这和气温年变化随纬度的增高而加大的特点是一致的。

（3）天文辐射的年总量随纬度的增高而递减。最高值出现在赤道，最小值在极地。这正和赤道在一年之内太阳高度角最大，获得的热量最多，气温是随纬度的增高而降低的规律相符合。

（4）太阳辐射最高值，夏半年在20°N～30°N附近的地区，由此向南、向北减少，且南北之间的辐射量差异小。这和夏季热赤道随着太阳直射点的北移、南北温差较小的特点相吻合；而冬半年则出现在赤道，随纬度的增高而减小，且南北之间的辐射量相差较大。这与冬半年南北温差较大的特点是一致的。

（5）同一纬度地带，日、季、年辐射量到处都相同，这表明天文辐射具有纬向带状分布的特点。这就是气温呈纬向分布的基本原因。

天文辐射的纬向分布特点，使地球上出现相应的纬向气候带，如赤道带、热带、副热带、温带、寒带等，都称为天文气候带。这是理想的气候带，而实际气候远为复杂，但这已形成全球气候的基本轮廓。

大气环流与气候

在高纬与低纬之间、海洋与陆地之间，由于冷热不均出现气压差异，在气压梯度力和地转偏向力的作用下，形成地球上的大气环流。大气环流引导着不同性质的气团活动、锋、气旋和反气旋的产生和移动，对气候的形成有着重要的意义。常年受低压控制，以上升气流占优势的赤道带，降水充沛，森林茂密；相反，受高压控制，以下沉气流占优势的副热带，则降水稀少，

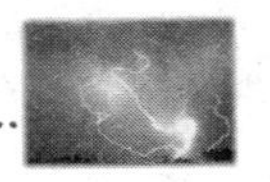

形成沙漠。来自高纬或内陆的气团寒冷干燥，来自低纬或海洋的气团温和湿润。一个地区在一年里受两种性质不同的气团控制，气候便有明显的季节变化。如中国气候冬季寒冷干燥，夏季炎热多雨，则是受极地大陆气团和热带海洋气团冬夏交替控制的结果。总之，从全球来讲，大气环流在高低纬之间、海陆之间进行着大量的热量和水分输送。在经向方向的热量输送上，大气环流输送的热量约占 80%。

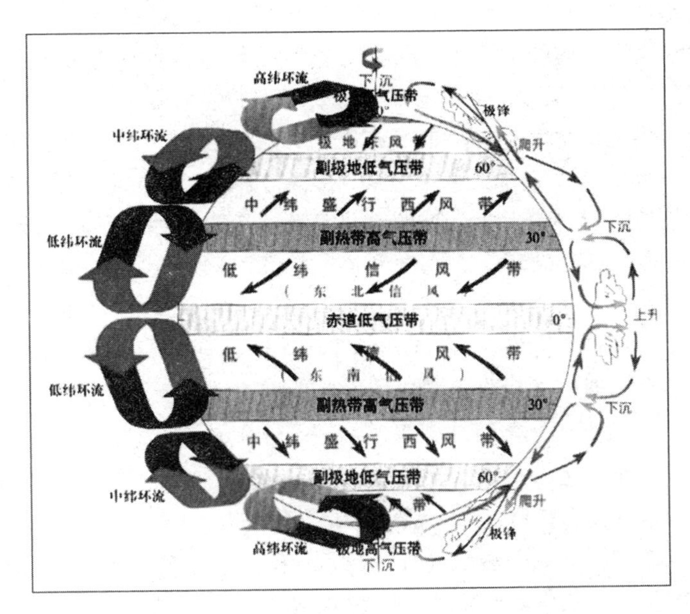

全球大气环流

在大气环流和洋流的共同作用下，使热带温度降低了 7 ~ 13℃，中纬度温度则有所升高，60°N 以上的高纬地区竟升高达 20℃。

大气环流水分输送，也起着重要的作用。大气中水分输送的多少、方向和速度与环流形势密切相关。北半球，水汽的输送以 30°N 附近为中心，向北通过西风气流输送至中、高纬度；向南通过信风气流输送至低纬度。中国的水汽输送，主要有两支：一支来自孟加拉湾、印度洋和南海，随西南气流输入中国；另一支来自大西洋和北冰洋，随西北气流输入中国。南方一支输送量大，北方一支输送量小，两者的界线是黄淮之间和秦岭一线，基本上相当于气候上的湿润和半湿润的界线。

降水的形成离不开天气系统，离不开云、水汽的输入和空气的垂直上升运动。这一切都和环流形势紧密相连，例如降水量的多少和进入各种天气系统的水汽量有关，暖湿赤道空气的流入能在几小时或一小时以内产生 100 毫米的降水，雷暴降水量的多少可和流入积雨云内水汽量的多少成正比。

世界降水的分布有两个高峰和两个低峰，即两个多雨带和两个少雨带。两个多雨带和赤道辐合带、极锋辐合带两个气流辐合带的位置基本相符；两个少雨带和副热带高压带、极地高压带两个气压带的位置一致。

大气环流在气候的形成中起着极其重要的作用。在不同的环流控制下就会有不同的气候，即使同一环流系统，如环流的强度发生改变，则它所控制的地区的气候也将发生改变；如环流出现异常情况，则气候也将出现异常。

大气环流状况的变化，可用经向环流和纬向环流的强弱和转换来表示。某地区在较长时间内的大气环流的变化都有一个该时期的平均状况。当某年某一段长时间内的经向环流和纬向环流的持续时间和转换频率，大大超过该时期的平均状况时，则称某年某一段长时间内的大气环流状况为环流异常。如 1972 年的主要环流特征，北半球有两个稳定而强大的长波槽脊存在，12 月至次年 3 月在欧洲上空和北太平洋上空为阻塞高压，大西洋西部和亚洲为低槽；5—9 月，欧洲和北美西部为阻塞高压，北美东部和东亚为大槽。整个一年里，北大西洋、北太平洋、欧洲东部和东北部、亚洲西部大部分地区在强大的大范围阻塞高压控制之下，故对于北半球而言，1972 年为环流异常年。

由于环流异常，就必然引起气压场、温度场、湿度场和其他气象要素值出现明显的偏差，从而导致降水和冷暖的异常，出现旱涝和持续严寒等气候异常情况。

世界气象组织在 1972 年度报告中指出：“1972 年世界的天气是历史上最异常的年份之一。”1 月，美国密歇根州的功圣马利降雨、降雪量达 1351. 3 毫米，超过正常年份 10 倍以上；2 月，强烈暴风雪袭击了伊朗南部，在阿尔达坎地区，许多村庄被埋在 8 米深的大雪之下；3—5 月，美国中、北部和欧洲地中海沿岸各国先后遭到强大的风、雨、雪袭击，而在中东和近东地区几乎同时也发生了数次暴风雪并伴有强烈的低温、冻害；5—6 月，印度酷热，最高气温超过 50℃，中国香港发生了百年难遇的特大暴雨；7 ~ 8 月，北冰洋上漂浮着一眼望不到头的大冰山，比常年同期多出 4 倍。前苏联欧洲地区连续近 2 个月出现酷热少雨天气，引起泥炭地层自焚及森林着火，而西欧地区却

连续低温，致使英国伦敦出现了1972年夏至日最高气温比1971年冬至日气温还低的特异现象；秋季，亚欧东部地区普遍低温，使初霜提早；冬季，西北欧的瑞典出现了200年来少见的暖冬，前苏联也出现了异常暖冬，莫斯科郊区的蘑菇竟能在冬季破土而出，列宁格勒下了百年未见的“冬季雷雨”，在西非、印度以及前苏联欧洲地区，几乎出现了全年连续干旱的严重旱情。西非，人和牲畜的饮水都成了问题。

在中国，由于欧洲和亚洲西部阻塞形势持久稳定，冷暖空气在中国交汇机会少，以致中国北方和南方的部分地区汛期少雨，干旱严重。

由此可知，在环流异常的情况下，可能在某一地区发生干旱，而在另一地区发生洪涝，或者在某一地区发生奇热，而在另一地区发生异冷。

大气环流因子在气候形成中起着重要的作用。它不仅通过环流的纬向分布影响气候的纬度地带性，而且还通过热量和水分的输送，扩大海陆和地形等因子的影响范围，破坏气候的纬度地带性。当环流形势趋向于长期的平均状况时，气候也是正常的；当环流形势在个别年份或个别季节内出现异常时，就会直接影响该时期的天气和气候，使之出现异常。

海陆分布与气候

海洋占地球总面积的71%，陆地仅占29%，所以海陆差异是下垫面最大和最基本的差异。海洋和大陆由于物理性质不同，在同样的辐射之下，它们的增温和冷却有着很大的差异。冬季，大陆气温低于海洋；夏季，大陆气温高于海洋。

一般情况下，1月份陆上气温比大洋上气温低；7月份相反。两者的差值，7月比1月大；低层比高层大，陆上年较差大于海洋上年较差。

海陆对气压和风也有明显的影响，气压分布随气温分布而变化。夏季，大陆是热源，海洋为冷源，因此陆上气压低，海上气压高，风从海洋吹向大陆；冬季，海洋是热源，大陆为冷源，海上气压低，陆上气压高，风从陆上吹向海洋。此外，海陆对湿度、云量、雾和降水量都有很大的影响。

海陆对气候影响显著，在地球上形成了差别很大的大陆性气候和海洋性气候。海洋性气候与大陆性气候的差别，在气温方面的表现为：大陆性气候的特点是变化快、变化大，因此大陆性气候的日较差、年较差数值都较大，而海洋性气候则相反。大陆性气候最高温出现在7月，最低温出现在1月，

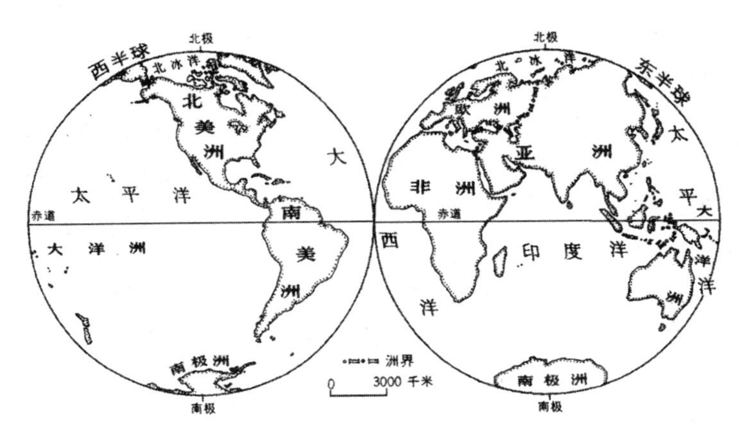

世界海陆分布

海洋性气候一般最高温出现在 8 月，最低温出现在 2 月，气温变化落后于大陆。在同一纬度，春夏的气温，陆上较高，海上较低；相反，冬秋的气温，陆上较低，海上较高。从而大陆性气候具有春温高于秋温的特点，而海洋性气候则有秋温高于春温的特点。在湿度和降水方面，海洋性气候的特征是相对湿度较大，相对湿度年变化小，云量多、降水量多，降水的年变化小，秋冬降水较多。而大陆性气候的特色是相对湿度较小，相对湿度的年变化大，云量少，晴天多，降水量少，降水的年变化大，夏季降水较多。

洋流与气候

海洋下垫面的性质是不均一的，其差异主要表现在冷、暖洋流上。洋流的形成有许多原因，主要原因是由于长期定向风的推动。世界各大洋的主要洋流分布与风带有着密切的关系，但洋流流动的方向和风向一致，在北半球向右偏，南半球向左偏。在热带、副热带地区，北半球的洋流基本上是围绕副热带高气压作顺时针方向流动，在南半球作逆时针方向流动。在热带由于信风把表层海水向西吹，形成了赤道洋流。东西方向流动的洋流遇到大陆，便向南北分流，向高纬度流去的洋流为暖流，向低纬度流去的洋流为寒流。

洋流是地球上热量转运的一个重要动力。据卫星观测资料，在 20°N 地带，洋流由低纬向高纬传输的热量约占地—气系统总热量传输的 74%，在 30°～35°N 间洋流传输的热量约占总传输量的 47%。洋流调节了南北气温差别，在沿海地带等温线往往与海岸线平行就是这个缘故。

暖流在与周围环境进行交换时，失热降温，洋面和它上空的大气得热增湿。我们以墨西哥湾暖流为例，“湾流”每年供给北欧海岸的能量，大约相当于在每厘米长的海岸线上得到600吨煤燃烧的能量。这就使得欧洲的西部和北部的平均温度比其他同纬度地区高出16～20℃，甚至北极圈内的海港冬季也不结冰。前苏联的摩尔曼斯克就是北冰洋沿岸的重要海港，那里因受北大西洋暖流的恩泽，港湾终年不冻，成为前苏联北洋舰队和渔业、海运基地。再如，对中国东部沿海地区的气候影响重大的“黑潮”，是北太平洋中的一股巨大的、较活跃的暖性洋流。它在流经东海的一段时，夏季表层水温常达30℃左右，比同纬度相邻的海域高出2～6℃，比中国东部同纬度的陆地亦偏高2℃左右。黑潮不但给中国的沿海地区带来了温度，还为中国的夏季风增添了大量的水汽。根据观测资料进行的计算和不同区域的比较都充分说明：气温相对低而且气压高的北太平洋海面吹向中国的夏季风，只有经过“黑潮”的增温加湿作用以后，才给中国东部地区带来了丰沛的夏季降水和热量，才导致了中国东部地区受夏季风影响的地区、形成夏季高温多雨的气候特征。

而寒流在与周围环境进行热量交换时得热增温，使洋面和它上空的大气失热减湿。例如，北美洲的拉布拉多海岸，由于受拉布拉多寒流的影响，一年要封冻9个月之久。寒流经过的区域，大气比较稳定，降水稀少。像秘鲁西海岸、澳大利亚西部和撒哈拉沙漠的西部，就是由于沿岸有寒流经过，致使那里的气候更加干燥少雨，形成沙漠。

洋流对气候的影响，主要是通过气团活动而发生的间接影响。因为洋流是它上空气团的下垫面，能使气团下部发生变性，气团运动时便把这些特性带到所经过的地区，使气候发生变化。一般说，有暖洋流经过的沿岸，气候比同纬度各地温暖；有寒流经过的沿岸，气候比同纬度各地寒冷。

正因为有洋流的运动，南来北往，川流不息，对高低纬度间海洋热能的输送与交换，对全球热量平衡具有重要的作用，从而调节了地球上的气候。

地形与气候

地形起伏不仅使它本身的气候显著不同，而且高耸绵亘的山脉，往往是低层空气流动运行的障碍，它可以阻滞北方的冷空气和南来的暖空气，又可使气流的水份大大损耗。

（1）对气温的影响：在山脉两侧，气候可以出现极大差异，高大的山脉往往成为气候的分界线。大抵与纬线平行的山脉以山南山北气温的悬殊为主。与海岸平行的山脉，以沿海内陆雨量的悬殊为主。就整个气候来讲，无论山脉的走向如何，只要高度足以阻碍盛行气流的运行，就会对两侧的气温、降水及其他气候要素产生影响，成为气候的障壁，而世界气候区的划分也往往以高耸的地形为界。中国著名的南岭，它是由一系列东西走向的山地组成，北来冷气团常常受阻于岭北，以1月平均气温为例，岭南曲江为10.7℃，岭北的坪石为7.5℃，二者相差3℃；前者冬季很少飞雪，后者冬季常有。这样，南岭以南可以发展某些热带作物，具有热带性环境；南岭以北热带作物不能越冬，具有亚热带环境。

(2) 对降水的影响：山地降水一般是随着高度增加而增多。特别是一些不太高的山区，山脚下与山顶的降水量有明显的差别。

这主要有三个原因。第一个是山地上气温低，水汽容易达到饱和，凝结为雨。第二个是空气与较高地方的寒冷地面相接触，容易冷却致雨。第三个是暖湿气流遇到山地，被迫沿山坡上升，由于绝热冷却，水汽容易凝结致雨。

山地降水随高度的增加，只发生在一定限度以内，超过了这一限度，空气湿度减少，降水量就随高度增高而减少。这个限度的高度，就称为“最大降水带”。“最大降水带”决定于地理环境、季节和其他条件，它随时随地不同。例如，喜马拉雅山上这一限度在1000~1500米。

冰雪覆盖对气候的影响

冰雪覆盖是气候系统的组成部分之一，海冰、大陆冰原、高山冰川和季节性积雪等，由于它们的辐射性质和其他热力性质与海洋和无冰雪覆盖的陆地迥然不同，形成一种特殊性质的下垫面，它们不仅影响其所在地的气候，而且还能对另一洲、另一半球的大气环流、气温和降水等产生显著的影响。在气候形成中冰雪覆盖是一个不可忽视的因子。

地球上各种形式水的总量估计为1.38×10^9立方千米，其中97.4%是海水；0.0009%是大气中的水汽；0.5%是地下水，大部分处在深处；0.1%在江湖中，另外2%是冻结的。就淡水来讲，其中80%是以冰和雪的形式存在的。

南极冰原是世界上最大的大陆冰原，体积达2.86×10^7立方千米。目前，南极大陆上只有1.4%的地区是无冰的，如果覆盖这个高原大陆的冰原全部融

化了，那么，世界大洋的海平面要抬升 65 米。冰原上的降水多以固态形式落下，液态很少。

海冰覆盖的面积变化较大，在海冰覆盖面积最小时，其面积和终年不化的陆地冰覆盖面积是大致相同的；而当它的覆盖面积最大时，则约为终年不化的陆地冰的两倍。

全球冰雪覆盖面积在一年中的季节变化非常明显，就北半球而论，以 1 月份冰雪覆盖面积为最大，2、3 月份变动不大，到了 4 月份大陆冰雪覆盖面积显著退缩，但海冰却向南推进甚远，此后由于太阳辐射增强，冰雪面积逐月减少，到 9 月初达到全年最低值。南半球相反，9、10 月份冰雪覆盖面积达到全年最高值，2 月份出现最低值。由于北半球冰雪覆盖面积比南半球大，全球冰雪面积的季节变化也以 1 月份为最大，8 月份为最小，9 月份接近全年最小值。

雪被冰盖是大气的冷源，它不仅使冰雪覆盖地区的气温降低，而且通过大气环流的作用，可使远方的气温下降。由于冰雪覆盖面积的季节变化，使全球的平均气温也发生相应的季节变化。冰雪表面的致冷效应是由于：

（1）冰雪表面的辐射性质不同于其他下垫面对太阳的辐射，它对太阳短

白雪皑皑的南极大陆

波辐射的反射率很大，能够吸收的太阳辐射能小，再加上冰雪表面的长波辐射能力很强，几乎与黑体完全一样，这就使得冰雪表面的有效辐射在相同温度条件下要比其他的下垫面大。

（2）冰雪表面与大气间的能量交换和水分交换能力很微弱。冰雪对太阳辐射率和导热率都很小。当冰雪层厚度达到50厘米时，地表和大气之间的热量交换基本上被切断，因此大气就得不到地表的热量输送。冰雪表面的饱和水汽压比同温度的水面低，冰雪供给空气的水分甚少。于是空气反而向冰雪表面输送热量和水分，所以冰雪不仅有使空气制冷的作用，还有致干的作用。冰雪表面上形成的气团冷而干，其长波辐射能因空气中缺乏水汽而大量逸散到宇宙空间，大气逆辐射微弱，冰雪表面上有效辐射失热更难以得到补偿。

（3）当太阳高度角增大，太阳辐射增强时，融冰化雪还需要消耗大量热能。在春季无风的天气下，溶雪地区的气温往往比附近无积雪覆盖区的气温低数十度。

冰雪覆盖的致冷效应，使地面出现冷高压，而高层等压面降低，出现冷涡。由于冰雪覆盖面积的年际变化，随之气压场和大气环流也产生相应的变化。在冰雪覆盖面积变化特别显著的年份，往往会出现气温和降水异常现象，这种异常可影响到相当遥远的地方。

气候和天气的区别

地球大气经常在运动和变化着，因此人们看到的天气现象总是处在千变万化之中。有时晴空万里、风和日丽，有时浓云密布、风狂雨骤，具有瞬息万变的特征。天气就是指一个地方在短时间内气温、气压、温度等气象要素及其所引起的风、云、雨等大气现象的综合状况。

气候是指某一地区多年的和特殊的年份偶然出现的天气状况的综合。气候和天气有密切关系：天气是气候的基础，气候是对天气的概括。一个地方的气候特征是通过该地区各气象要素（气温、湿度、降水、风等）的多年平均值及特殊年份的极端值反映出来的。例如，北京的气候：1月份平均气温是-4.7℃，7月份平均气温是26.1℃，最低气温记录是-22.8℃（1951年1月13日），最高气温记录是42.6℃（1942年6月15日）；年平均降水量636.8毫米，夏季（6—8月）降水量占全年降水量的74%。概括说来，北京的气候特征是：冬季寒冷干燥，夏季高温多雨。

大气环流

大气环流，一般是指具有世界规模的、大范围的大气运行现象，既包括平均状态，也包括瞬时现象，其水平尺度在数千千米以上，垂直尺度在10千米以上，时间尺度在数天以上。某一大范围的地区（如欧亚地区、半球、全球），某一大气层次（如对流层、平流层、中层、整个大气圈）在一个长时期（如月、季、年、多年）的大气运动的平均状态或某一个时段（如一周、梅雨期间）的大气运动的变化过程都可以称为大气环流。

气候带和气候型概说

气候带

气象学家根据地球各纬度气候的特点，把地球上的气候分布划分为若干个气候带。所谓气候带，就是环绕着地球的带状分布的气候区域。在这个地带内，由于辐射平衡、温度、蒸发、降水、气压和风等，都表现出一种地带性特征，而且气候的最基本特征是一致的，它们结合起来，明显地反映出气候的地带性。而引起气候地带性的原动力是太阳辐射，太阳辐射在地表是按地理纬度分布的，因此，古代的希腊学者根据纬度把全球的气候带分为五个气候带：热带、北温带、南温带、北寒带、南寒带。它们的界线是以南、北回归线和南、北极圈划分的。这种划分法，使气候带与纬度平行，并呈十分规律的环绕地球的带状分布区域，这就是“天文气候带”。

天文气候带是实际气候带的基础，与实际的气候带基本相符。但由于海陆交界的地区，或在地势高低变化大的地区，气候带表现的就不那么明显，甚至还有偏离或间断的现象。这说明地球上气候带的分布是随着各个地区的条件而有变化的。低纬地区大部分是海洋，下垫面比较均匀，所以气候带在低纬地区表现得最明显。比如热带雨林、热带干湿季气候、热带干旱气候等地带性分布明显，这主要是由于热带地区下垫面相对来说比较均匀。在高纬地区，地面主要为冰雪覆盖或大部分时间为冰雪覆盖，地面性质相对来说也比较均匀，所以在高纬地区，气候带的分布也比较明显。但是，在中纬地区，由于陆地面积相对增大，而且海陆交错分布，地势也非常复杂，有大的山脉、高原，也有低的盆地、平原，这就造成了中纬度地区地带性分布不很明显，往往发生间断、分裂，甚至偏离和消失。所以，地带性分布在不同纬度，由于条件不同，所表现出的形式也不完全一样。

气候型

从世界气候图上，我们还发现，地球上很多地区的气候是相类似的，虽然两个地区不连续，不在一个地方，但是气候却是相似的，在相似的条件下可以产生相似的气候。比如地中海式气候，反映了特有条件下形成的特性，即我们所说的副热带夏干气候，但这种气候不仅出现在地中海地区，也出现在与地中海相类似条件的其他地区，所以地中海气候在北半球有，在南半球也有，在欧洲大陆有，在美洲大陆也有。这许多地区的气候本质属性基本相似，不是相同，我们把这些相似的气候归为一个类型，叫同一气候型。气候带是连续的，而气候型是不连续的。我们根据地球上气候带中各地区的热量和水分分布的状况，又将全世界分为两个基本的气候型。

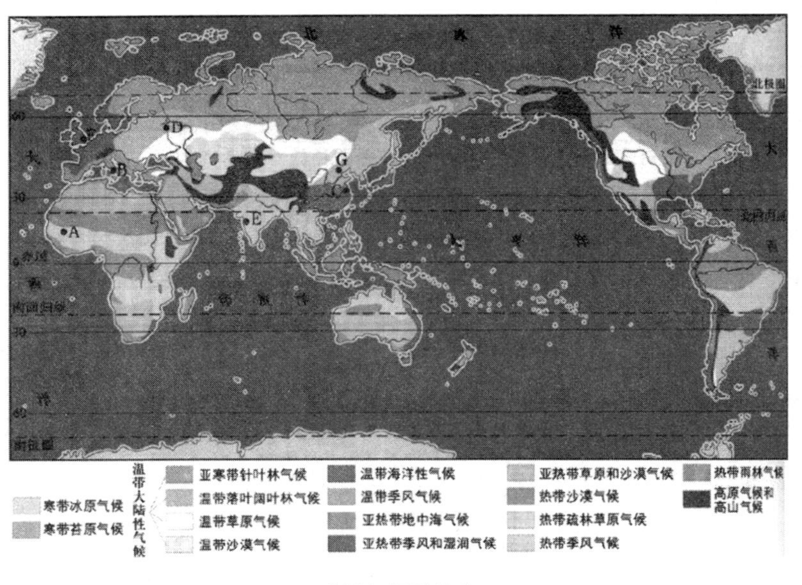

世界气候型分布

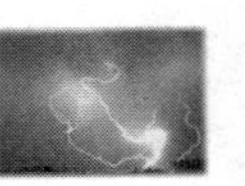

在地球上，比气候带次一级的气候单位是气候型。气候型是由于自然地理环境差异引起的，在地球上不呈带状分布。在一个气候带内，根据气候的各种特征差异，可以划分出几种气候型，同样的气候型也可以分布在不同的气候带内。例如，海洋性气候就有温带海洋性气候和热带海洋性气候。沙漠气候也分布在热带、副热带和温带。

气候型有很多种，大陆性气候和海洋性气候是两种最基本的气候型，其他气候型都可以从这两种型演变而来。例如，海岸气候就是大陆性气候与海洋性气候的过渡型；季风气候则是大陆性气候与海洋性气候的混合型；沙漠气候是大陆性气候的极端情况；草原气候则是大陆性气候到沙漠气候的过渡情况；山地气候虽然成因和特点都比较特殊，但是它的特点也可以从大陆性气候和海洋性气候的类比中得到。

低纬度气候带及其气候型

低纬度的气候主要受赤道气团和热带气团所控制。全年地—气系统的辐射差额是入超的，因此气温全年皆高，最冷月平均气温在15～18℃以上。影响气候的主要环流系统有赤道气流辐合带、沃克环流、信风、赤道西风、热带气旋和副热带高压，有的年份会出现厄尔尼诺现象。由于上述环流系统的季节移动，导致降水量的季节变化，在厄尔尼诺现象出现时，引起降水分布的明显异常，全年可能蒸散量在1300毫米以上。本带可分为5个气候型：

（1）赤道多雨气候：位于赤道及其两侧，大约向南、向北伸展到5°～10°左右，各地宽窄不一，主要分布在非洲扎伊尔河流域、南美亚马逊河流域和亚洲与大洋洲间的从苏门答腊岛到伊里安岛一带。典型台站是秘鲁的伊基托斯。这里全年正午太阳高度角都很大，因此长夏无冬，各月平均气温在25～28℃，年平均气温在26℃左右。绝对最高气温很少超过38℃，绝对最低气温也极少在18℃以下；气温年较差一般小于3℃，日较差可达6～12℃，全年多雨，无干季，年水量在2000毫米以上，最少月在60毫米以上。

全年皆在赤道气团控制下，风力微弱，以辐合上升气流为主，多雷阵雨，天气变化单调，降水量的年际变化很大。这与赤道辐合带位置的变动有关，例如新加坡平均年降水量为2282毫米，最湿年（4031毫米）相当于最干年（831毫米）的近5倍。由于全年高温多雨，各月平均降水量皆大于可能蒸散

赤道多雨气候风光

量，土壤储水量皆达最大值（300毫米），适宜赤道雨林生长。

（2）热带海洋性气候：出现在南北纬10°～25°信风带大陆东岸及热带海洋中的若干岛屿上，如加勒比海沿岸及诸岛、巴西高原东侧沿海、马达加斯加东岸、夏威夷群岛等。典型的地方是哈瓦那，这里正当迎风海岸，全年盛行热带海洋气团，气候具有海洋性，最热月平均气温在28℃上下，最冷月平均气温在18～25℃间，气温年较差、日较差皆小，如哈瓦拉年较差仅5.6℃，年降水量在1000毫米以上，一般以5～10月较集中，无明显干季，除对流雨、热带气旋雨外，沿海迎风坡还多地形雨。

（3）热带干湿季气候：出现在纬度5°～15°左右，也有达25°左右的，主要分布在上述纬度的中美、南美和非洲。

（4）热带季风气候：出现在纬度10°到回归线附近的亚洲大陆东南部，如中国台湾南部、雷州半岛和海南岛；中南半岛；印度半岛大部；菲律宾；澳大利亚北部沿海等地。

（5）热带干旱与半干旱气候：出现在副热带及信风带的大陆中心和大陆西岸。在南、北半球各约以回归线为中心向南北伸展，平均位置约在纬度15°～25°。

中纬度气候带及其气候型

（1）副热带干旱与半干旱气候：该气候型位于热带，在热带干旱气候向高纬度的一侧，约在南北纬25°～35°的大陆西岸和内陆地区。它也是在副热带高压下沉气流和信风带背岸风的作用下形成的。

（2）副热带季风气候：位于副热带亚欧大陆东岸，约以30°N为中心，向

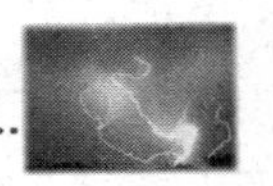

南北各伸展5°左右。它是热带海洋气团与极地大陆气团交汇角逐的地带，夏秋间又受热带气旋活动的影响。

（3）副热带湿润气候：位于南北美洲、非洲和澳大利亚大陆副热带东岸。由于所处大陆面积小，未形成季风气候，这里冬夏温差比季风区小，一年中降水分配比季风区均匀。

（4）副热带夏干气候（地中海气候）：该带位于副热带大陆西岸，纬度30°～40°之间的地带，包括地中海沿岸、美国加利福尼亚州沿岸、南非和澳大利亚南端。这里受副热带高压季节移动的影响，在夏季正位于副高中心范围之内或在其东缘，气流是下沉的，因此干燥少雨，日照强烈。冬季副高移向较低纬度，这里受极锋影响，锋面气旋活动频繁，带来大量降水。全年降水量为300～1000毫米。冬季气温比较暖和，最冷月平均气温为4～10℃。

地中海气候成因图

（5）温带海洋性气候：分布在温带大陆西岸，纬度约在40°～60°，包括欧洲西部、阿拉斯加南部、加拿大的哥伦比亚、美国华盛顿和俄勒冈两州、南美洲40°～60°S西岸、澳大利亚的东南角，包括塔斯马尼亚岛和新西兰等地。这些地区终年盛行西风，受温带海洋气团控制，沿岸有暖洋流经过。冬暖夏凉，最冷月气温在0℃以上。

（6）温带季风气候：出现在亚欧大陆东岸纬度35°～55°地带，包括中国的华北和东北，朝鲜大部，日本北部及俄罗斯远东部分地区。冬季盛行偏北风，寒冷干燥，最冷月平均气温在0℃以下，南北气温差别大。夏季盛行东南风，温暖湿润，最热月平均气温在20℃以上，南北温差小。气温年较差比较大，全年降水量集中于夏季，降水分布由南向北，由沿海向内陆减少。天气的非周期性变化显著，冬季寒潮爆发时，气温在24h内可下降10余摄氏度甚至20余摄氏度。

(7) 温带大陆性气候：主要分布在亚欧大陆中部和东部。气温、降水和温带季风气候类似，但风向、风力季节变化不明显。冬季不太寒冷，冬季多雨；夏季有对流雨但不十分集中。

(8) 温带干旱半干旱气候：主要分布在35°～50°N的亚洲和北美大陆中心地带，南美阿根廷和大西洋沿岸巴塔哥尼亚。

高纬度气候带及其气候型

高纬度气候带分布在极圈附近，盛行极地气团和冰洋气团。低温无夏是该气候带的最显著特征。降水虽少，但蒸发较弱，冻土发育。高纬度气候带可以分为3种气候型：

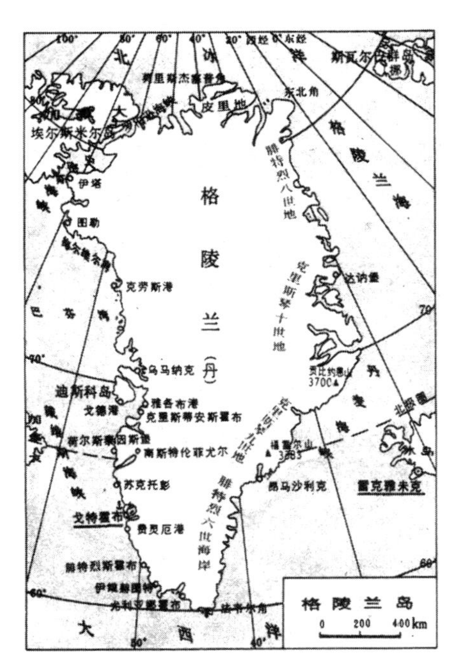

冰原气候的代表格陵兰岛的地理位置

(1) 副极地大陆性气候。主要出现于北半球高纬度地区，约50°～65°N呈连续带状分布。作为极地大陆气团的源地，终年受极地海洋气团和极地大陆气团控制。冬季漫长而严寒，至少有9个月；暖季短促。年降水量较少，并集中于夏季。

(2) 极地冰原气候。出现于格陵兰、南极大陆冰冻高原和北冰洋中靠近北极的岛屿上。

(3) 极地长寒气候（苔原气候）。主要分布在亚欧大陆和北美大陆北部边缘，格陵兰沿海地带和北冰洋中的若干岛屿上。那里全年皆冬，一年中只有1—4个月平均气温在0～10℃之间。降水量一般为200～300毫米。蒸发微弱。植被为苔藓、地衣和小灌木等，构成苔原景观。

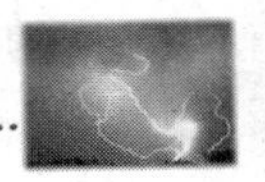

高地气候带

高地气候主要出现在约55°S～70°N的大陆高山高原地区。自山麓到山顶各气候要素发生规律性变化，表现出明显的气候垂直地带性。各气象要素的垂直变化导致不同高度上具有不同的水热组合，从而形成不同的高地气候。

热带气团

热带气团即形成于热带、副热带地区的气团。其中形成于海洋上的气团，称热带海洋气团；形成于大陆和沙漠地区的气团，称热带大陆气团。若按形成的地理位置分，则有极地气团（又可分为极地大陆气团和极地海洋气团）。

大陆性气候和海洋性气候概说

大陆性气候及其特点

大陆性气候通常指处于中纬度大陆腹地的气候，一般也就是指温带大陆性气候。在大陆内部，海洋的影响很弱，大陆性显著，内陆沙漠是典型的大陆性气候地区。草原和沙漠是典型的大陆性气候自然景观。大陆度是表示大陆性气候明显程度的一个指数。

大陆性气候是地球上一种最基本的气候型。其总的特点是受大陆影响大，受海洋影响小。在大陆性气候条件下，太阳辐射和地面辐射都很大。所以夏季温度很高，气压很低，非常炎热，且湿度较大。冬季受冷高压控制，温度很低，也很干燥。冬冷夏热，使气温年变化很大，在一天内也有很大的日变化，气温年、日较差都超过海洋性气候。春季气温高于秋季气温，全年最高、最低气温出现在夏至或冬至后不久。

大陆性气候最显著的特征，是气温年较差或气温日较差很大。在气温的年变化中，最暖月和最冷月分别出现在7月和1月（南半球分别在1月和7

月）。春季升温快，秋季降温也快，一般春温高于秋温。在日变化中，最高温度出现的时间较早，通常在 13 ~14 时；最低气温一般出现在拂晓前后。大陆性气候的另一重要特征是降水量少，且降水季节和地区分布不均匀。大陆性气候影响下的地区，一般为干旱和半干旱地区，降水量一般不到 400 毫米，甚至在 50 毫米以下。

亚洲陆地面积广大，内地距海遥远，大陆轮廓完整，又缺乏伸入内地的海湾；同时亚洲又是位于亚欧大陆的东部，削弱了西风环流和大西洋暖湿气流对亚洲气候的影响。根据纬度愈高和距海洋愈远气温年较差愈大的原理，亚洲广大的内陆和高纬地区的气候与其他大陆同纬地区相比，具有强烈的大陆性。维尔霍扬斯克—奥伊米亚康地区，地处高纬，冬季受热很少，又位于亚洲的东北部，很难受到西风暖流的影响。从环流因素上讲，冬季这里是处在强大的反气旋控制下，剧烈的冷却作用而引起低温；而这里向北倾斜的盆地和洼地地形，更有利于冷空气的集中和反气旋的发展。因此，使这里成为北半球最寒冷和世界上气温年较差最大的地区。

海洋性气候及其特点

与大陆性气候相对的气候型是海洋性气候。海洋性气候是海洋邻近区域的气候，如海岛或盛行风来自海洋的大陆部分地区的气候。由于海洋巨大水体作用所形成的气候，包括海洋面或岛屿以及盛行气流来自海洋的大陆近海部分的气候。

海洋性气候的主要特点和大陆性气候相比，不仅气温的年变化和日变化小，而且极值温度出现的时间也比大陆性气候地区迟；降水量的季节分配较均匀，降水日数多、强度小；云雾频数多，湿度高。在温度年变化方面，春季冷于秋季，是海洋性气候的一个明显标志。最暖月出现在 8 月，甚至延至 9 月；最冷月为 2 月，在高纬度地区推迟到 3 月。人们通常把西北欧沿海地区作为大陆上海洋性气候的典型。

海洋性气候是地球上最基本的气候型。总的特点是受大陆影响小，受海洋影响大。在海洋性气候条件下，气温的年、日变化都比较和缓，年较差和日较差都比大陆性气候小。春季气温低于秋季气温。全年最高、最低气温出现时间比大陆性气候的时间晚；最热月在 8 月，最冷月在 2 月。

在海洋性气候条件下，气候终年潮湿，年平均降水量比大陆性气候多；

而且季节分配比较均匀。降水量比较稳定，年与年之间变化不大。四季湿度都很大，多云雾，天气阴沉，难得晴天，少见阳光。

温和、多云、湿润的海洋性气候，给人们以舒适的感觉；其实这种气候对植物生长并不有利。19 世纪末就有人发现，在欧洲，海洋性气候条件下生长的小麦，蛋白质含量小，至多只有 4% ~8%。随着深入大陆，到俄罗斯的欧洲部分，小麦的蛋白质含量增高达 9% ~12%，在比较干燥炎热的地区，小麦的蛋白质含量增高到 18%，甚至在 20% 以上。前苏联科学家证明：一个地区的气候大陆性越强，小麦的蛋白质含量也就越高。在气候温凉潮湿的地方，小麦的淀粉含量增加，而蛋白质含量却降低。人们为了补充蛋白质的不足，只好借助于肉类，但是又带来脂肪过多的缺点。可见，海洋性气候对农业并不很有利。其实在海洋性气候条件下生活，气候虽然温和，但是阴沉多雨的天气，不利于人类精神和情绪的发展。

是什么造成了两种气候的差异

为什么大陆性气候和海洋性气候之间会这么大的区别呢？这是因为地表面性质的不同。海洋和陆地的物理性质有很大差异，在同样的太阳辐射下，它们增温和散热的情况大不相同。海水吸收热量的本领要比陆地强得多，辐射到海洋上的太阳热量很少被反射回去，大部分被海水吸收，并通过海水的波动，把热量存贮在海洋内部。这样，即使在烈日炎炎的夏季，海洋里的温度也不会骤然升高。与同纬度的陆地相比，海洋里温度的变化要小得多。到了冬季，虽然太阳辐射减少了，但海洋里所贮存的大量热量开始稳定地释放出来，于是，海洋及其附近地域的温度比同纬度的其他陆地地区要高。因此，海洋犹如一个巨大的温度自动调节器，使附近地区的气温形成了冬暖夏凉的特点。

所以海洋性气候气温变化和缓，春天姗姗来迟，夏天消退也较慢，春天的气温一般低于秋季的气温。相反，大陆性气候气温变化剧烈，春来早，夏去也早，春温高于秋温。受海洋气团和暖湿气流的影响，海洋性气候年降水量多，一年中降水的季节分配比较均匀，且以冬季降水较多；大陆性气候年降水量少，一年中降水的季节分配不均匀，且以夏季降水为最多。

反气旋

反气旋是指中心气压比四周气压高的水平空气涡旋，也是气压系统中的高压。北半球反气旋中，低层的水平气流呈顺时针方向向外辐散，南半球反气旋则呈逆时针方向向外辐散。反气旋的水平尺度比气旋更大，如冬季的蒙古—西伯利亚高压占据亚洲大陆面积1/4。反气旋中心气压值一般为1020～1030hPa左右，最高达1078hPa。反气旋中风速较小，地面最大风速也只有20～30m/s，中心区风力微弱。

中国的气候概说

中国位于世界最大的大陆——欧亚大陆的东南部，濒临世界最大的海洋——太平洋。由于海陆之间热力差异而造成的季风气候特别显著。中国幅员十分辽阔，南北跨50多个纬度，东西越60多个经度，从赤道带到寒温带，从热带雨林到沙漠景观都有。加之中国地形复杂，高差悬殊：青藏高原号称世界屋脊，吐鲁番盆地又深陷海平面以下。因此，中国的气候类型多种多样，气候资源优越丰富。

显著的季风特色

由于大陆和海洋热容量的差异，夏季大陆热于海洋，冬季则又冷于海洋。海陆的冷热变化影响了它上空的大气温度和压力的变化。气温越低，空气密度越大，气压就越高。所以，冬季亚洲内陆形成一个冷性的高气压，东方和南方海洋上形成热性低气压；夏季的情况正好相反，大陆上形成热性低气压，而海洋上形成冷性高气压。好比水会从高处流向低处一样，高气压区的空气不断地流向低气压区，这就是中国冬季盛行偏北风，夏季盛行偏南风的主要原因。这种一年中风向发生规律性的季节更替现象，就称为季风。中国是世界上季风最为显著的国家之一。

冬季风来自中高纬度的亚洲内陆腹地，那里太阳斜射，黑夜漫长，热量

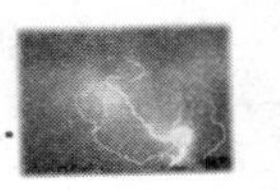

收入少而支出多，空气十分寒冷干燥。这种冷空气积累到一定程度，在有利的高空大气环流形势引导下就会向南爆发，北风呼啸南下，所到之处气温急剧下降，这就是寒潮。每年冬季中国总有好几次大幅度降温的强寒潮出现，较弱的寒潮就更多了。在这种频频南下的寒潮影响下，中国大部分地区冬季普遍寒冷而干燥，成为世界同纬度上最冷的国家。例如，中国黑龙江省呼玛县与英国首都伦敦纬度相近，伦敦1月份平均气温为4℃左右，冬草长青，绿水常流，平均气温与中国上海、杭州地区相仿，而呼玛县1月份却冷到零下29℃左右，遍地琼装玉琢，积雪深厚，宛若极地风光。

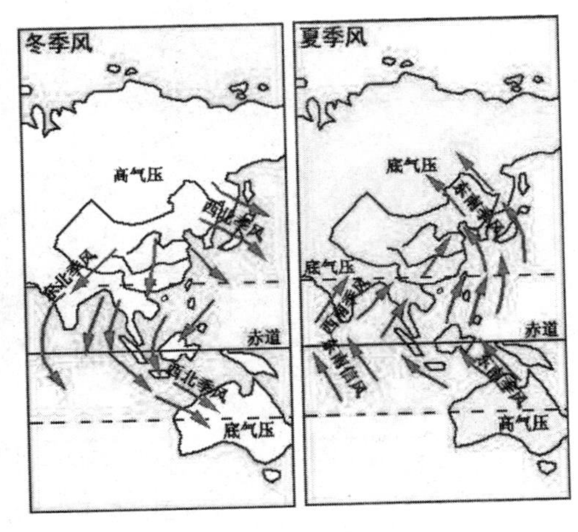

季风示意图

夏季风分为东南和西南季风两种。东南季风来自太平洋，主要影响中国东部地区，西南季风来自印度洋和南海，主要影响西南和华南地区，但有时西南气流也可长驱北上到达华中和华北地区，引起那里的暴雨。

经过广阔洋面的夏季风，给中国大陆带来了丰沛的雨水，所以中国绝大部分地区的雨水集中在5—9月的夏半年里。例如，如果以三十个省会的平均数值代表全国的话，那么夏季6—8月三个月的雨量占了年雨量的一半以上（53%），5—9月五个月的雨量占了年雨量的3/4；而冬季（12月至次年2月）三个月的雨量还不到年雨量的9%，10月至次年4月的七个月的雨量也只占年雨量的1/4。一般年份里，东南季风的前沿雨带（东南季风与大陆上北方冷空气之间的锋面雨带）于5月中旬在华南出现，6月中旬向北跃进到长江中下游地区，开始这里的梅雨季节。7月中旬，雨带第二次跳跃，迅速推进到淮河以北，使中国广大北方地区进入雨季盛期。8月下旬雨带开始返回南方，中国东部地区雨季迅速先后结束。中国各地雨季的早晚和正常与否，大都直接与上述季风的进退有关，一旦季风规律反常，就会出现较大范围的旱涝灾害。例如，1959年夏季，因为东南季风暖湿空气势力较强，它的前沿大雨带反常地迅速北上，使通常在初夏季节梅雨较多的长江中下游流域发生了干旱，持续达两个月之久，1978 年也是类似情况。而 1954 年夏季正好相反，东南季风被北方冷空气所阻，一直到 7 月下旬，大雨带还停滞在江淮流域，因而长江中下游流域出现了百年未见的大水。

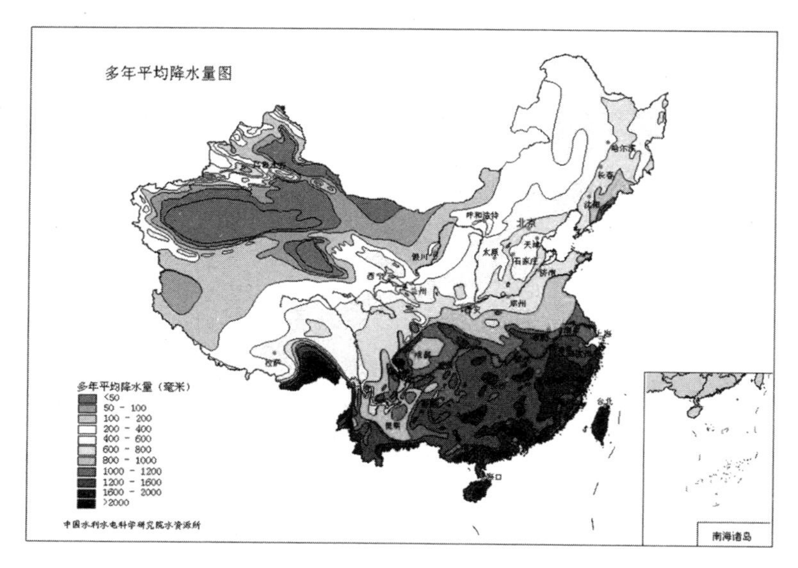

中国多年平均降水量分布

多种多样的气候类型

中国最北的黑龙江省漠河镇，位于北纬 53°以北，属寒温带气候；而最南端的南海南沙群岛最南部距赤道还不到 4 个纬度，属赤道气候，南北气候相差十分悬殊。

冬季，中国广大北方地区，千里冰封，万里雪飘，一派壮丽的北国风光。1 月平均气温黑龙江最北部冷到零下 30℃左右，而两广、海南和福建省中南部地区平均气温却在 10℃以上，树木花草终年长青，平原山区一片郁郁葱葱。海南岛、雷州半岛、台湾中南部和云南最南部地区更高达 15 ~ 20℃以上，槟榔、椰树高插蓝天，随风摇曳，一片热带景象。南海诸岛最冷月多在 22 ~ 26℃之间，更是中国终年皆夏的地方。

夏季，全国风向普遍偏南，北方太阳高度虽比南方稍低，但日照时间却比南方为长，所以南北气温差变小，全国气温普遍较高。南方广大地区 7 月

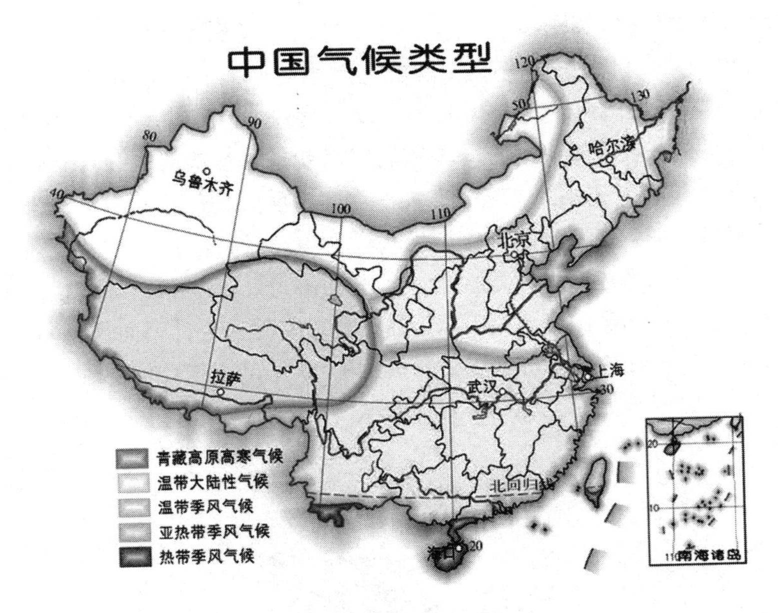

中国的气候分布

平均气温在28℃左右，而黑龙江大部地区温度也可达20℃以上。因此，松花江畔、珠江两岸，一样都有游泳季节。

中国东西相差60个经度以上，西北内陆距海有数千千米之遥，加上重重山脉阻隔，所以，从东部太平洋上吹来的湿润东南季风已鞭长莫及，从南部印度洋上吹来的西南季风又受阻于喜马拉雅山脉和青藏高原，使这里成为中国雨量最少的地区。塔里木、柴达木和吐鲁番盆地等年雨量都在20毫米以下，沙漠中间甚至终年无雨。农业主要依靠高山冰雪融水和挖坎儿井引地下水灌溉。块块绿洲像串串珍珠般分布在盆地的边缘地区，成为沙漠干旱地区中最为富饶和人口最为密集的地方。

中国的年雨量从西北地区向东、向南逐渐增加。起自东北大兴安岭、止于西藏西南边境的400毫米等年雨量线，大致把中国分成西北和东南两半。东北长白山区年雨量可以多到800～1000毫米，是中国北方雨量最多的地方，汉水、淮河以南大都在1000毫米以上，东南沿海、台湾、海南岛的许多地方雨量还超过了2000毫米。中印边境东段有些地区年雨量在4000毫米左右，是中国大陆上雨量最多的地方。台湾的火烧寮平均年雨量达到6600毫米，是中国平均年雨量的冠军。

此外，地形和海拔高度对气候也有重大影响。一般说来，海拔每升高1000米，平均气温就要下降5℃左右（夏季大些，冬季小些）。中国青藏高原大部分地区海拔四五千米以上，这里的气温就是盛夏7月，很多地区平均也不到10℃，经夏霜雪不绝，寒气袭人，而同纬度的东部长江中下游平原地区却正是夏日炎炎，流汗难眠的伏旱天气，平均气温高达29℃左右，对比十分鲜明。云贵高原海拔比青藏高原低，大致在1000~3000米，纬度也比青藏高原偏南，且东有乌蒙山等高大山脉阻滞东亚冷空气入侵，因而这里冬无严寒，夏无酷暑，气候比较温和。特别是海拔约1500米的云南中南部许多地区，更是冬暖夏凉，四季如春，昆明素有“春城”之誉。

四季如春的昆明

因为中国的寒潮冷空气主要来自北方，因此东西走向的高大山脉，便能阻滞冷空气南下，使山南山北冬季温差加大，甚至成为两个气候区域。例如，天山成为中国中温带和暖温带的分界线，秦岭则成为暖温带和亚热带的分界线。就是低矮的南岭山脉，岭南岭北的温差也是很大的，古咏庾岭（在广东、江西之间，属南岭山脉）梅诗：“南枝向暖北枝寒，一种春风有两般”（枝指

梅树，南指岭南，北指岭北），说的正是这个意思。四川盆地也是由于四周有高山围绕，盆地内冬季十分温暖，1 月平均气温比东部同纬度高出 3 ~ 4℃，所以，即使隆冬季节，亦遍地青绿，霜雪少见，几乎全年都是生长期，因此物产丰富，素有“天府之国”的称号。

山脉对于雨量的影响也是极其显著的。一般说来，随着海拔高度的增加，年雨量和雨日都逐渐增加。因此，天山北坡、祁连山北坡和阿尔泰山西南坡，山麓是荒漠，而山腰都有森林环绕。再如，长江中下游地区的山麓平地夏季有伏旱现象，但千米以上高山降水却很丰富。山脉对降水的另一重要影响，是迎风坡雨量比背风坡要多得多。例如，面迎东南季风的长白山脉东南侧的宽甸县（丹东附近），年雨量高达 1201. 6 毫米，而背风侧的沈阳只有 755. 5 毫米；太行山迎风东坡麓的石家庄年雨量 599. 0 毫米，而背风侧的太原只有 466. 6 毫米；喜马拉雅山南麓中印边境东段，因为面迎潮湿的西南季风，年雨量高达 2000 ~ 3000 毫米以上，但翻过喜马拉雅山脉，进入背风的雅鲁藏布江谷地，就剧减到 400 毫米以下。全国最多雨的台湾火烧寮也正是面迎冬半年从东海上吹来的潮湿的东北季风的结果。

所以，如果归纳一下中国的冷热和雨旱的气候类型，那么从温度方面来说，青藏高原 4500 米左右以上地区四季常冬（按中国习惯，以五天平均气温≤10℃为冬，≥22℃为夏，10 ~ 22℃为春秋季），南海诸岛终年皆夏；东北大小兴安岭地区长冬无夏，春秋相连；岭南两广则是长夏无冬，秋去春来；云南中南部地区四季如春。而其余广大地区则冬冷夏热，四季分明。

从雨旱方面来说，西北地区全年红日普照大地，而川黔许多地区则是“天无三日晴”的阴雨连绵天气，江南地区春雨伏旱，东北、华北和西南大面积地区则是春旱夏（秋）雨；台湾北端又是中国唯一冬季最多雨的地方。中国气候类型之丰富多彩，于此可见一斑。

优越丰富的气候资源

既然中国冬冷夏热，冬干夏雨，气温变化比较极端，雨水季节分布又不均匀，那么为什么还说气候资源优越丰富呢？

当然，冬冷对农业确有其不利的一面。比如冬季长了，植物的生长期要缩短；冬季冷了，作物越冬会更加困难，但是与冬冷相对立的夏热，却是十分有利的农业气候资源。例如，东北北部 7 月平均气温要比同纬度平均偏高

4℃左右，西北干旱地区偏高更多。正是这可贵的夏热，使得中国北方广大地区大都能够普遍种植喜热的水稻、玉米和棉花等高产粮棉作物，其分布之广，世界罕见。

冬干夏雨（在长江中下游地区是冬少雨夏多雨）的气候特点也有它巨大的有利方面。冬干对农业生产影响不大，因为中国冬季中，作物或已收割，或者停止生长（越冬），就是正在生长的作物，因为冬冷，一般也并不需要许多水分。可是冬季风转化而成的夏季风，却给作物在旺盛生长、最需要水分的季节里带来了丰沛的雨水。这种雨热同季、水热共济的现象，是中国农业生产十分有利的气候条件。古诗说的“季风之时兮，可以阜吾民之财兮”，正是雨热同季可以使作物高产丰收、增加人民财富的意思。可是，在世界其他地区相当于长江以南的纬度（约30°~15°）上，由于高空有副热带高气压的控制，大都是干旱沙漠地区，例如撒哈拉沙漠，阿拉伯沙漠，印度西北部的塔尔沙漠，澳大利亚沙漠，南非卡拉哈里沙漠等。可见，冬季风虽然给中国带来了同纬度上严寒和干燥的气候，但夏季风却使中国广大南方地区成为一个青山绿水、鱼米之乡的大绿洲。冬冷夏热、冬干夏雨，这个大陆性季风气

吐鲁番的葡萄沟

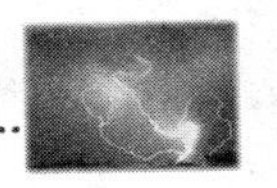

候的优越性在这里展示得十分清楚。

当然，也应指出，就是干旱气候条件，也并非绝对坏事。中国西北地区光照充足，热量丰富，太阳辐射强，昼夜温差大，这些也正是农作物高产的必要条件。因此，只要解决灌溉问题，这些形成干旱的不利气候条件就会立刻走向反面，转化成为十分有利的气候条件：作物有光有热又有水，从而粮棉高产，瓜果甜美。例如中国夏季最热的新疆吐鲁番盆地，那里长绒棉品质优良，特产无核葡萄干和哈密瓜都驰名中外。世界上凡有灌溉的沙漠干旱地区之所以都成为富饶的粮棉之仓，就是这个道理。

此外，号称世界屋脊的青藏高原，因为海拔较高，夏温较低，不能种植水稻、棉花等喜热作物。但是，事实证明，在一定高度以下，春小麦在柴达木盆地，冬小麦在西藏中南部都生长良好，并创造了中国的高产记录，例如柴达木春小麦亩产已达到500千克，而西藏冬小麦亩产也已突破了400千克。

由于气候类型的多种多样，丰富了中国的动植物资源。中国种子植物达3万种以上，食用植物有2000多种，树木有2800多种，从热带雨林到寒温带针叶林均有；中国陆栖脊椎动物已知的已达1800多种。此外，中草药和贵重药材，棉花、大豆、油菜、甜菜、甘蔗、油桐、茶叶以及橡胶、咖啡、油棕、剑麻、可可、胡椒等适应不同气候的经济作物均可种植。中国品种繁多的动植物资源，不仅为农、林、牧、副、渔各业的发展提供了有利的条件，同时也为工业化提供了多种多样的原料和粮食；并有大量产品外销，有力地支持了社会主义建设和满足人民的广泛需要。

中国的建筑热工能耗

在人类聚居比较集中的主要气候类型之间相比较而言，大陆性气候的自然舒适度比较低。由于中国的大陆性特征在全球中表现得最为明显，导致中国相当大的区域包括三北地区以及长江流域等地区的采暖度日数或空调度日数都很高。在中国五个建筑热工气候区中除面积极小的温和地区（主要分布于云南、广西）外，建筑一般都有采暖或空调的要求，另有相当部分地区夏热冬冷地区北部和寒冷地区大部分既有冬季采暖要求，又有夏季制冷降温要求。这就导致中国的建筑热工能耗（包括采暖和制冷能耗）占建筑总能耗的绝大部分，且远远超过世界平均水平。

采暖度日数是指室外日平均气温与采暖基准温度之差值与天数乘积之和，

凡平均温度低于基准温度的均计入采暖度日数。国际上通常采用18度为基准采暖温度。空调度日数由采暖度日数的概念引申而来。

以长江中下游流域为例，冬季湿冷，夏季闷热，且气温日较差小。夏季气温高于35℃的酷热天数有15～25天，最热极端温度高达44℃，最热月室内平均自然室温比室外平均气温高1～2℃，而且静风率高，空气湿度高达80%，高温下的高湿度使人感觉闷热，大大降低夏季的气候舒适度，从而降低空调启用的起始温度，增加制冷能耗。同时，长江流域大部分地区冬季气温低于5℃的天数多达60～70天以上，最冷月极端气温可低于－18℃，且日照率低，室内自然温度日平均值仅比室外高出2～3℃，加之湿度高，导致这一地区虽然按照中国现行的热工设计规范不在采暖区域之内，但由于冬季阴冷潮湿，为了改善室内热舒适环境，人们纷纷自行采取多种采暖措施，如电红外线取暖器、蜂窝煤取暖炉、家用空调等等。尽管用户自行取暖，但由于建筑本身并未按采暖建筑设计建造，或者因体形系数大，或者因围护结构的保温隔热性能差，不仅难以达到理想的舒适水平，而且能源利用效率地，浪费严重。

青藏高原的气候

中国的西藏地处青藏高原，号称世界第三极。由于青藏高原奇特多样的地形地貌和高空空气环境以及天气系统的影响，形成了复杂多样的独特气候。除呈现西北严寒干燥、东南温暖湿润的总趋向外，还有多种多样的区域气候以及明显的垂直气候带。

空气稀薄的高原

青藏高原的空气稀薄，气压低，氧气少。海平面在0℃气温条件下，空气的密度是每立方米1292克，标准气压是1013.2毫克。平原地区空气密度与气压值与海平面相差无几。而位于西藏高原的拉萨市（海拔3658米），空气密度是每立方米810克，年平均气压652毫克，分别是平原地区的62.64%和64.35%，比平原地区少或低1/3强。平原地区氧气比较充足，每立方米空气

青藏高原风光

中含氧气250~260克，而西藏高原每立方米空气中只含氧气150~170克，夏季气温最低的地方，其中尤以藏北为最，夏季7月气温大面积低于8摄氏度。

一日有“四季”

从温差角度看，青藏高原气温年较差小、日较差大的特点特别明显。拉萨、昌都、日喀则等地的年较差为18~20℃，而纬度相近的武汉、南京是26℃。年平均日较差，拉萨、昌都、日喀则等地为14~16℃，而成都、长沙、南昌仅为7℃。定日的日较差达18.2℃，约为纬度相近的南昌的2.5倍。阿里地区海拔5000米以上的地方，夏季8月白天气温可达10℃以上，夜间气温降至0℃以下。地处雅鲁藏布江谷地的拉萨、日喀则等地，6月份中午最高气温可达27~29℃，给人以盛夏的感觉；傍晚气温下降，人们又有秋凉之感；午夜气温降至5摄氏度，整夜都要盖棉被；翌晨日出后，气温回升，又给人以春意，真是“一年虽四季，全年备寒装”。

西藏气温年较差小、日较差大，是一个有利的气候条件。年较差小，冬季气温不太低，在一定高度以下越冬作物能够顺利过冬，可以大面积种植冬小麦和青稞等作物。日较差大，白天气温高，有利于植物进行光合作用；夜间温度低，可以减少植物的呼吸损耗，利于植物营养物质的积累。

干季和雨季分明

青藏高原的干季和雨季分明，多夜雨。由于冬季西风和夏季西南季风的源地不同，性质不同，控制的时间不同，致使西藏各地降水的季节分配非常不均，干季和雨季的分野非常明显。

每年10月至次年4月，西藏高原上空为西风急流，地面为冷高压控制，干旱多大风，低温少雨雪，降水量仅占全年降水量的10%～20%，如拉萨10月至翌年4月降水量只占全年降水量的3%，故被称为干（旱）季或风季。

5—9月，高原近地面层为热低压控制，西南季风登上高原。在它的支配下，西藏各地雨量非常集中，一般都占全年降水量的90%左右。比如拉萨5—9月降水量占全年总降水量的97%，因此称为雨季或湿季。雨季中，多夜雨、多雷暴、多冰雹。藏南各地以夜雨为主，可占雨季降水量的80%以上。藏北高原雨季中雷暴和冰雹频繁，如那曲、索县等地一年雷暴日在85天以上，是北半球同纬度雷暴日数最多的地区。西藏高原降冰雹的日数居全国之冠。那曲年平均雹日多达35天，1954年降雹64天，为世界所罕见。

垂直分布的气候类型

青藏高原的气候类型复杂、垂直变化大。西藏地势西北高、东南低，藏北高原海拔4500～5000米，藏东南谷地海拔1000米以下。其气候特征自东南向西北依次分为：热带山地季风湿润气候－亚热带山地季风湿润气候－高原温带季风半湿润、半干旱气候－高原亚寒带季风半湿润、半干旱和干旱气候－高原寒带季风干旱气候等各种气候类型。

在藏东南和喜马拉雅山南坡高山峡谷地区，自下而上，由于地势迭次升高，气温逐渐下降，气候发生从热带或亚热带气候到温带、寒温带和寒带气候的垂直变化。平原地区从南到北相隔数千千米才能呈现出热、温、寒三带的自然景象，而这里从低到高则出现在水平距离仅数十千米的范围内，真是“一山有四季，十里不同天”。

从气候类型的分布看，藏东南和喜马拉雅山南坡海拔1100米以下的地区属于热带山地季风湿润气候。这里最暖月平均气温在22摄氏度以上，最冷月平均气温在13摄氏度以下，比同纬度的中国东部地区还高。年降水量2500毫米，个别地方达4495毫米，是西藏降雨最多的地区，也是全国多雨地区之

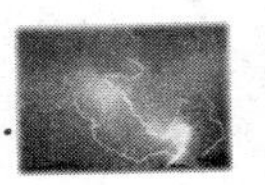

一。这里森林茂盛，四季常绿，各种热带植物生长繁茂，藤本植物交织缠绕，满山遍野的野芭蕉、野柠檬林和竹林，构成了一幅美丽的热带风光。这里可以种植热带经济作物，农作物一年三熟。

上述这些地区海拔1100～2500米的地方，属于亚热带季风湿润气候。最暖月平均气温18～22℃，年降水量1000毫米左右，终年温暖，雨量充沛，生长着亚热带常绿阔叶树种，农作物一年两熟。

喜马拉雅山以北、冈底斯山和念青唐古拉山以南的雅鲁藏布江谷地，海拔500～4200米，属于高原温带季风半湿润、半干旱气候。最暖月平均气温10～18℃，年降水量400～800毫米，能种植小麦、青稞、马铃薯等喜凉作物和温带果木，农作物一年一熟。

高原牧场

冈底斯山－念青唐古拉山以北藏北高原南部湖盆地区，海拔4200～4700米，属高原亚寒带季风半干旱和干旱气候。最暖月平均气温6～10℃，年降水量100～300毫米，是西藏的大草原，以牧业为主。

藏北高原北部海拔4700～5500米的地区，属高原寒带季风干旱气候，最暖月平均气温在6℃以下，年降水量100～150毫米，是广阔的天然牧场。海拔5500米以上的地区，终年积雪，是一片晶珠碎玉般的冰雪世界。

气候资源概说

气候资源是人人都受其恩惠、影响的一种自然资源。每一个人，不论自觉还是不自觉，都直接或间接地在适应它、利用它、改善它，同时破坏它。

气候资源及其特点

严格地说，气候资源是指对人类的生产活动和生活活动有利的气候条件；其不利的气候条件，常常引起气候灾害。因此，气候条件，或者说气候环境，应包括气候资源和气候灾害两个主要方面。现在，也有些人把气候资源和气候条件等同起来，把气候灾害包括在气候资源内，把灾害看作负资源。当然，气候资源和气候灾害是矛盾的两个方面，它们既相互制约，又相互转化。因此，对气候资源作这样广义的理解，也还是说得通的。

气候资源有什么特点呢？气候资源是一种很特殊的资源。它和其他资源不同，主要有如下几点：

（1）气候是光照、温度、湿度、降水、风等要素有机组成的。其资源的多少，不但取决于各要素值的大小及其相互配合情况，而且还取决于不同的服务对象以及和其他自然条件的配合情况，不像黄金、煤炭等矿产资源那样多多益善。例如，对农作物而言，温度在一定范围内是资源，过高可能成热害，过低可能成冷害或冻害；降水在一定范围内是资源，过多可能成涝灾，过少可能成旱灾。干旱区光、热资源虽很丰富，但水资源短缺，限制了光、

我国西北地区利用风能发电

热资源的充分利用，使其价值大为降低。再如，阴雨天气对某些农作物的生长也许是有益的，但对旅游、晒盐业则可能带来不便甚至是有害的；积雪覆盖保护某些作物的安全越冬，是有益的，而使牛羊吃草困难，又可能有害了。

（2）气候有时间变化。这种变化，有的具有周期性；有的周期性不明显，变化规律难以捉摸。例如，气温的昼夜变化、季节变化，大都是日日如此，年年如此，周而复始，循环不已的。但某一天或某一季的天气，却不是年年如此的。至于某段时间的或多年的气候变化，虽有一定的范围，但变化比较复杂，难以准确预测。因此，气候资源的利用，必须因时制宜。中国最古老的农书《汜胜之书》一开头就说："凡耕之本，在于趣时。"《孟子》也说："不违农时，谷不可胜食。"这都说明，栽种作物要掌握时机。如果错过时机，资源稍纵即逝，就白白地浪费了。

（3）气候有地区差异。一方面，世界上任何一个地方，都有其独特的气候，和其他地方的气候不可能完全相同。因此，气候资源的利用，还必须因地制宜。《汜胜之书》说"种禾无期，因地为时"，意思是种谷子没有固定的日期，随地方不同而定时间；另一方面，世界上有些地方，尽管彼此相距很远，气候虽不完全相同，但却相似。因此，作物可以引种，牲畜可以引养，利用气候资源的经验，可以相互交流。

（4）气候资源是一种可再生资源。气候资源不像黄金、煤炭等矿产资源，开采一点就少一点，终将有开采完的时候。而气候资源归根到底来自太阳辐射，如果利用合理，保护得当，它将与太阳同寿，可以反复、永久地利用。

（5）气候是人力可以影响的。这种影响，有有意识与无意识之分。由于气候条件与其他自然条件密切相关，人类在生产和生活活动中，在改造自然过程中，常常自觉或不自觉地改变了气候条件。例如，种草种树，蓄水灌溉等可以使气候变好；而毁林毁草、排干湖沼等则可以使气候变坏。都市化和工业化污染大气，使降水酸度增大，气温升高，可能导致气候产生长远的、大规模的、对人类生存有巨大影响的变化。人类有意识改善气候，目前多限于在小范围内进行。例如，营造防护林，设置风障，建造排灌设施、玻璃温室、塑料棚等。随着社会的发展、科技的进步，人类改造气候的能力将日益提高，所能改造的范围将日益扩大，所能改造的方面也将日益增多，甚至能把某些不利的气候条件改造成为有利的气候条件，把某些气候灾害改造成为气候资源。

合理利用气候资源

合理地利用气候资源，正确地发掘气候资源，是当前气候学研究的重大课题。那么，如何才能合理地利用气候资源呢？

（1）首先是利用，其次才是改善：气候资源的利用，首先要顺其自然，因势利导。《齐民要术》说："地势有良薄，山泽有异宜，顺天时，量地力，则用力少而成功多，任情反道，劳而无获。"气候在一定范围内是可以作某种程度的改善的。但改善气候要耗费人力物力，需要衡量经济上的得失。此外，还要考虑社会效益和生态效益如何，切不可为了眼前利益和局部利益，而造成长远的、整体的、不可挽回的损失。尽管如此，人类还是应该想方设法，不断对气候条件进行某些改善，不如此社会就不能进步。

（2）努力创造条件，最大限度地利用气候资源：中国人多耕地少，气候资源超负荷利用，是很常见的现象。例如，在不具备条件、不采取措施的情况下，把热带多年生木本作物北移到亚热带地区，把亚热带多年生木本作物北移到温带地区，遇到特大寒害，几年甚至十几年努力培育的林果，往往毁于一旦；在两年三熟区强行推广一年两熟制，在一年两熟区强行推广一年三熟制，不是热量不够，就是水分不足，往往使作物的旱灾、霜冻与冷害增多、加重，以致得不偿失。但是，前面已经说过，气候是可以改善的，气候资源也不是一成不变的，人们不应坐享天赐，而应运用新技术、新工具和新方法，最大限度地利用气候资源，不断扩大和发掘气候资源。例如，选择避风向阳的小气候环境，采取某些防寒措施，作物北移上山是可能的；培育出早熟、高产、抗逆性强的作物品种，采取育苗移栽等措施，以及间作、套种和混种等种植方式，提高复种指数也是可能的。

（3）减灾即是增利：气候灾害消耗和浪费气候资源，使气候资源的价值大为降低，甚至全部丧失。因此，利用气候资源而忽视气候灾害，这种资源是不可靠的，所谓合理利用气候资源，应该包括尽可能有效地减少和减轻气候灾害在内。

对气候灾害，抗不如防，防不如避。以作物防霜为例，霜冻来临之后，扶苗剪枝、松土施肥等善后措施，虽然也可以减少一些损失，但不如在霜冻来临之前熏烟、覆盖、灌水，或者预先设置风障，营造防护林，比较经济有效。然而，如能根据农业气候区划，把作物栽种在霜冻不易出现的地区和季

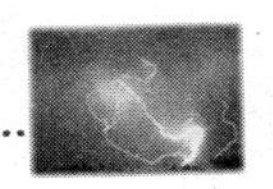

节，就最为经济和有效。

（4）扬长避短，发挥气候资源的优势：气候资源有地区差异和时间变化。因此，在气候资源的利用上，如能扬长避短，也能收到事半功倍之效。例如，在干旱区，阳光充足、空气干燥、夏季温度高，昼夜温差大是其所长，而水分不足是其所短，如栽种耐旱的、蒸腾效率高的作物，诸如小麦、谷子、棉花、瓜、果等，就不但产量高，而且质量好。在高原区，阳光充足而温度太低；华北地区的冬季也是阳光充足温度低，使光照资源不能利用，这些地区如发展温室栽培，就能把光照资源利用起来。在华中、华南的一年两熟或三熟区，前后作物换茬的时候，往往是一年中光、热、水等气候资源最丰富的时候，而此时前茬作物已成熟，后茬作物又在苗期，光、热、水资源需要不多，大量的气候资源都浪费了。如果改种多年生木本作物，采取育苗移栽、改变种植制度和方式等措施，尽可能多地利用气候资源，农业产量必将有大幅度提高。

（5）要善于利用气候资源的地区差和季节差：人们都喜欢冬天到华南、夏天到东北去开会、疗养和旅游。在农业生产中，也可以利用南方和北方、平原和山区气候资源的不同，以及南方比北方季节早，平原比山区季节早的气候分布规律，为某些大城市提供特有的、新鲜的农产品。例如，北京近年新鲜瓜果和蔬菜终年不断，就是较好地利用了近郊平原和远郊山区，以及南、北方的气候差，让这些地方调剂北京的淡季，补充北京不能产的农产品。

气候与人类的关系

气候塑造了人类

人的容貌身材、性格和行为，虽说是与先天因素有关，但并非完全能由人类自己主宰，这个“权力”有时还握在气候的手心里！

人类学家以皮肤颜色来区别人种，按此把人类划分为黄色人种、黑色人种、白色人种和棕色人种等。大气中的各种物理参数，诸如气温、气压、湿度以及日照、降水等是形成人种特征的重要因素。

在欧亚大陆，可以明显地看出，越往南走，人的皮肤颜色越深。生活在

“塌鼻子”、卷头发的黑色人种

赤道附近的人，由于光照强烈，气温又高，人的皮肤颜色是黑黝黝的，大多为黑种人。黑种人有着抵御非洲酷热气候的“面目”。他们脖子短，体型大多前屈，就头型而言，其脑骨容量为1297立方厘米，头明显偏小，头形前后长，而鼻子较阔，呈“塌鼻子”，这种长相有利于散发体内的热量。有趣的是，非洲黑人几乎都是卷发，每一卷发周围都留有很多空隙。当炽热的阳光向头顶辐射时，这种卷发恰似一顶凉帽。另外，他们的手掌和脚掌汗腺，在每一单位面积中的数量比白、黄种人多，而且汗腺也粗得多，这就更有利于排汗散热。

在寒带、温带的高纬度地区，常年太阳不能直射，光照强度较弱，气温很低，严寒期又长，这里大多为白种人。白种人皮肤白，头发黄，眼睛蓝，与阳光照射微弱的环境相适应。白种人为了抵御严寒，往往有一个比住在湿热地区的人更钩的鼻子，他们鼻梁高，鼻道长，鼻孔细小，鼻尖下呈爪状，体毛发达，均与那里气候有关。因为空气经过长长的鼻道后，干冷的空气可以得到缓冲，变得较为暖湿，不会使冷而干的空气一下子冲进去伤害呼吸道。体毛发达，则起着保暖作用。就头型而言，寒带和温带居民的脑骨容量为1386立方厘米，他们头大，头型圆，脸部比较平，这很有利于保温。黄种人的容貌则介于两者之间，主要分布在气候温和的亚洲。

高鼻梁、多体毛的白色人种

我国属于黄种人。然而，我国国土辽阔，气候各异，人的身材也就大不一样。总的来看，人的身高在高纬高于低纬，牧区高于农区，城市高于农村。高纬度地区终年寒冷，人体新陈代谢慢，生长期长，较多地积累了

物质和能量，故身材高大。高大的身材单位体积对应的表面积小，散热少，利于抵御风寒。低纬度地区的人身材矮小，则与上述原因相反。另一方面，北方人和南方人的身高差异，还与日照时数有极大关系。比如，北京的年日照时数为2778.7小时，身高发育正常；武汉年日照时数为2085.3小时，身高发育次之；广州年日照时数为1945.3小时，身高发育又次之；成都年日照时数最少，仅为1239.3小时，所以身高发育更次之。四川省男子平均身高居全国倒数第2，女子倒数第3，这与四川省年日照时数仅为826.6小时有直接关系。

气候装扮了女人的美丽

在古今文学作品中，那些天生丽质、丰采动人的女子常出于山青水秀之地，并非完全是作者的随意描绘。秀美的自然风光，独特的水土环境，湿润的天气气候的确能使人灵秀。

西施浣纱图

我国古代四大美人之一的王昭君就生长于山青水秀的香溪崖边村寨。唐代曾与杨贵妃争宠的梅妃，生长于临江濒海、潮音悦耳、碧流如织的福建蒲田江东村，有碑文说："其他绿野连绵，碧水环绕，秀气所钟，江妃毓焉。"被誉为天堂的杭州，不仅以风光秀丽著名，而且多美丽女子也是非常闻名的。杭州临湖靠海，气候湿热，人们多以鱼类、青菜和大米为食物。体内很少摄入大热量的高蛋白和高脂肪。杭州又是"龙井"茶的故乡，人们大多有饮茶的习惯，炎热的夏季又使她们终日挥汗如雨。这样，茶的进入和汗的流出消耗了她们体内多余的脂肪，使得女子大多有苗条的身段。临海靠湖环境使得大气中水汽多，故杭州一年中有一半时间被雨雾占据着，人们接受紫外线照射的机会很少，因此这里女子的皮肤出奇的白。这里花木成荫，湿度又大，且无风沙之患，女人的皮肤又是出奇的嫩。历史上中国四大美女之一的西施便诞生在与杭州气候环境一样的杭州城南不远的诸暨市。

有趣的是，在英国曾有学者绘制过美女图，并对美女出生的地域进行了研究。研究结果认为，伦敦一带的女子最漂亮，阿伯丁一带最差，苏格兰一带介于两者之间。这种差异与地理环境中的气候、水土是有很大关系的。

气候左右人的性格

自然气候使地球上不同区域形成了不同的人种，也使不同区域的人们形成了不同的性格。

生活在热带地区的人，为了躲避酷暑，在室外活动的时间比较多。气温高，使生活在那里的人性情易暴躁和发怒。

居住在寒冷地带的人，因为室外活动不多，大部分时间在一个不太大的空间里与别人朝夕相处，养成了能控制自己的情绪，具有较强的耐心和忍耐力的性格，比如生活在北极圈内的爱斯基摩人，被人们称为世界上“永不发怒的人”。

豪放直爽的草原牧民

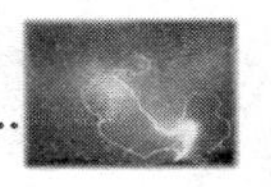

居住在温暖宜人的水乡的人们，因为水网海滨气候湿润，风景秀丽，人们对周围事物敏感，且多情善感，机智敏捷。

山区居民，因为山高地广，人烟稀少，开门见山，长久生活在这种环境中，便形成了说话声音洪亮，性格诚实直爽。

居住在广阔的草原上的牧民，因为草原茫茫，交通不便，气候恶劣，风沙很大，所以他们常常骑马奔驰，尽情地舒展自己，性格变得豪放直爽，热情好客。

生活在城市中的人们，高楼大厦林立，工矿企业众多，所以形成了城市"热岛效应"，温度高，降水少，空气不清新畅通，这种憋闷的气候使城市人形成了孤僻的性格。人们常常闭关自守，万事不求人。即使同楼居住多年，也素不相识，老死不相往来。

人工降雨与防雹

现代的人工影响天气的科学研究，是在美国科学家兰米尔的领导下开始的。1946 年 11 月 13 日，谢弗进行了第一次成功的人工降雪消云试验。此后世界各地相继开展了人工影响天气的试验工作，干冰和碘化银成了主要的催化剂。到目前为止，世界上已有近 100 个国家或地区开展了这项工作。人工影响天气的范畴也从人工降雨、防雹很快扩展到人工消雾、消云、消雨、消闪电、削弱台风等其他领域。

人工影响天气是一项复杂的系统工程，尚需不断加强科学研究和试验，不断提高作业的技术水平，才能使这项工作持续健康地发展。据统计，人工影响天气的经济效益是很大的，一般估计投入产出比约为 1∶5 到1∶30,一些特定地区经济效益还会更大些，同时这项工作还具有不可忽视的潜在社会效益。

人工影响天气工作包括许多内容，目前国内广泛开展的主要为人工降雨，人工防雹和人工消雾，其技术方法简述如下：

人工降雨又分为人工影响冷云增加降水和人工影响暖云增加降水。冷云增加降水所采用的技术方法主要为，利用飞机携带冷云催化剂（碘化银、干冰、液氮等）或发射人工降雨高炮炮弹。在云内低于 -3℃层且有过冷水的区域进行催化，使其增加降水。我国从事人工影响天气的科学工作者，通过 10 多年对我国北方层状云人工催化冷云降水的研究表明，其平均增雨效率在 20% 左右。人工影响暖云增加降水多采用飞机携带暖云催化剂（盐粉、尿素

人工降雨

等）在云中高于0℃层区域进行催化。由于暖云催化剂粒子的尺度要求比冷云催化剂高得多，所以暖云催化剂用量要高于冷云催化剂 10^4 ~ 10^6 倍。一般飞机作业一架次需携带上千千克暖云催化剂。

人工防雹是指用人工方法使冰雹云不降雹，或者减弱降雹强度。目前，国内广泛开展的防雹作业是利用口径37毫米的高射炮，直接将装有碘化银的炮弹送入冰雹云的冰雹生长区爆炸，人为地增加雹胚的数量，由于这些众多的雹胚在冰雹形成的区域会争食云中的有限水量，使它们大多数不能长到冰雹的尺寸，从而限制冰雹生长，达到人工防雹的目的。

人工消除局地过冷雾通常采用丙烷、干冰、碘化银或液氮等催化剂，播撒于雾中，产生冰晶，使大量过冷雾滴聚集到冰晶上，冰晶靠消耗雾滴长大并下落到地面，从而改善能见度。人工消除局地暖雾主要采用向雾中播撒吸湿性粒子，如盐粉、氯化钙溶液、尿素等，使其吸收雾中水汽，从而改善能见度。利用动力法、加热法消除暖雾也有许多成功的例子。

人工“捉”惊雷

在我们这个地球上，平均每秒钟约有100次雷电发生。雷电具有极大的能量，仅一次普通的雷电就可产生10万安培的电流和 4×10^6 焦耳的能量。这股强大的能量有时会给人类带来巨大的灾难：它可以击中升空的火箭和飞机，可以摧毁和破坏高层建筑，可以劈裂粗大的百年老树，可以扭曲坚韧的金属板，可以引起森林火灾，可以伤害来不及躲避的人畜。如1986年美国有三枚待发升空的火箭被雷电击中；1987年我国大兴安岭森林因雷击而起火；1989年8月12日，我国黄岛油库因雷击起火发生剧烈爆炸事故。雷电不仅带来了

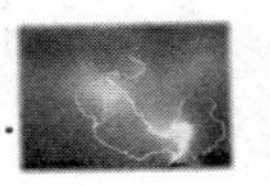

巨大的经济损失，也造成了可怕的人身伤亡，据统计，每年约有4000人惨遭雷击而身亡。为了战胜雷电的危害，最大限度地避免雷电带来的损失，科学家们研制出了各式各样的避雷器。但避雷器有很大的局限性，不可能在任何地方都安装，而且避雷器有时也并不安全。于是就有了人工“捉”惊雷的设想，即用人工的方法将惊雷消除在云层中。目前，科学家们已经研制出了多种人工“捉”惊雷的方法。

方法之一是向雷雨云中播撒碘化银或碘化铅冻结核，使云中水滴在冻结核上冻结成冰晶，从而使云中带电粒子减少，雷电也就不易发生了。

方法之二是向雷雨云中撒播金属丝或镀金属的尼龙丝，金属丝在雷雨云内的强电场中可以产生电晕放电现象，使雷雨云中电荷散布到广阔的空间，从而减弱空间电场强度，避免雷电发生。

方法之三是主动触发雷雨云中的雷电，向雷雨云中发射炮弹或火箭，让其在云中爆炸，以驱散惊雷。

方法之四是引雷落地，这是目前最为先进有效的人工“捉”惊雷方法，它是用人工引雷火箭，将云中雷电引落地面而消除之。引雷火箭的结构是在其尾部拖有一根细钢丝，钢丝的一端埋在大地中，当火箭拖着很长的钢丝发射到高空时，浓云密布的天幕上将看见一道2～2.5米宽的桔黄色闪道，如同一把闪光的利剑竖立在天地之间，顺着钢丝直贯而下。只需3秒钟就可把惊雷“捉”下来，强大的电流将钢丝烧熔汽化，场面蔚为壮观。我国科学家已经成功地掌握了这项先进的技术。

绝妙的人造气候

有利的气候条件能使工作效率大大提高，而不利的气候条件会使工作效率明显下降。比如，阴雨连绵会使人情绪低落，甚至意志消沉，从而严重影响人们的工作效率。大自然的气候虽然不可抗拒，但我们却能用现代科学方法创造有利的气候条件，来提高人们的工作效率。

为了克服不良气候的影响，世界上许多国家出现了“人造气候热”。在法国，每当阴雨连绵的天气，刚上班时，一些工厂在车间里用灯光把车间打扮成旭日东升、曙光万道的景象；临近中午时，华灯齐射，呈现出晴空万里，“阳光”灿烂的气氛；快下班了，车间里又是一番“太阳”西沉，晚霞四射的景色。科学家们指出，这样能振奋人的精神，使工作效率提高10%。

下面再让我们浏览一下日本大阪的一条地下街吧。这条街叫“虹”，它长1000米，宽50米，高6米。全街由4个广场和3个商场相隔排列而成。入口处是“爱的广场”。广场顶部华灯高悬，地上花坛星罗棋布，四周墙壁上装饰着以古代爱情传说为主题的浮雕和壁画。穿过一个商场，便来到“光的广场”。广场中央是一个养鱼池，广场顶部悬挂着由1600只彩灯组成的“星空”。池水与灯光辉映，构成一幅奇幻的图画。再过一个商场，便是“水的广场”，广场顶部2000只喷口向下的喷射水柱，宛如悬挂的瀑布。在七色灯光照射之下，“瀑布”上映出一条弧形的“彩虹”，景色绚丽迷人。这条街因此而得名为“虹”。再穿过3个商场，便来到出口处“绿的广场”。这里绿树如茵，花草满地，显示出一派东方园林的风格。试想，当人们置身这里，工作效率又怎么能不提高呢？

“人造气候”是当代科学的结晶。它不仅可以提高工作效率，还可以用来防治疾病。科学家们根据名山大川，海滨盆地能治病强身的道理，建立起了“人造气候室”，用人工办法来模拟特殊的气象条件，治疗疾病，取得了很好的效果。这是“人造气候”的又一妙用！

气候与民居

气候影响到人类生活的方方面面，世界各地不同的民居就是最显著的例子。上古人类为了“上避风雨，下避野兽”，需要栖身之处。人类最早的房屋是洞穴和树巢。例如《易·系辞》中说，“上古穴居而野处”；《礼记·礼运》中也说，“昔者先王未有宫室，冬则居营窟，夏则居橧（zēng）巢”。可见连帝王也如此。

随着生产力的逐渐发展，人类在长期的实践中创造和发展了真正的房屋，获得了越来越舒适的居住环境。由于人类几乎遍布全球，为了适应世界上各种各样的气候类型，就形成了各种类型的传统民居。那么，世界各地的居民是如何适应当地的气候的呢？

气温与传统民居

如果从两广到黑龙江作一次长途旅行，我们就会发现，我国南方和北方

的农村房屋有着很大的不同。南方房屋高大宽敞，通风条件良好；而北方，特别是东北的房屋却矮小紧凑，密闭程度很高。

这是因为中国南方地区夏季长而炎热，夏热成为当地居住条件中的主要问题。而北方地区冬季长而严寒，夏季短促凉爽，冬寒是北方房屋居住的主要问题。如果房屋高大而不密闭，取暖效果就会很差。

在中国东北，农村房屋普遍采用做饭余热烧炕的办法来取暖。一般两间为一套，内间是卧室，以炕代床。炕是用砖和泥砌成的，上铺炕席，横贯内屋南侧，炕中部有火道，一头通外间的灶，一头通烟囱。每天三餐饭，再加上烧水、熬猪食，就把炕烧暖了。白天，南窗又充分接受了丰富的太阳热量，所以即使天天都是零下二三十摄氏度的严寒，也不再需要专门的取暖设备了。除了火炕以外，中国北方各地农村冬季还有地炉、火墙等其他多种取暖方式。地炉的炉子是落地的，既用来取暖，也可烧水、做饭。火墙大多在招待所和旅店采用，在室外生火，房间的侧墙或房内的火墙就是巨型的“暖气片”。北方城市居民则一般采取暖气或火炉取暖。

邮票上的东北民居

在20世纪初，曾有人调查了西欧各地的墙壁厚度，发现了一个有趣的事实。在建筑材料大致相似的情况下，英国南部、比利时和荷兰，即大西洋沿岸地区平均墙厚为9英寸（1英寸=2.54厘米），德国西部为10英寸，德国中部和东部为15英寸，立陶宛和波兰为20英寸，俄国为28~30英寸。即凡最冷月平均气温在1.1℃以上地区，墙壁一般厚度是9英寸；最冷月平均气温每降低0.56℃，墙厚平均增加1英寸。这是因为北大西洋西部有强大的墨西哥湾流送来大量暖水，而盛行西风又把湾流的热量源源不断地送到欧洲大陆。因此，离海愈近，冬季愈暖和，气温不是越北越低，而是愈东愈冷。

比中国东北更北的俄罗斯西伯利亚东部地区是北半球冬季中世界上最冷的地区，地下有60~500米厚的永久冻土层存在。由于这些地区表层土壤冬冻夏融，使许多房屋东倒西歪，当地人称之为“在融冻层游泳”。所以，这些地区的大楼都造得像“高跷”一样，这些“高跷”深深地插进永冻土层内。大楼的楼底高出地面约1米，以防冬季楼里逸出的暖气使融冻层融解。自来水管也干脆加上绝热层后安放在地面上，因为安装在融冻层内早晚要冻坏，又难以修理。冬季为了防止自来水管结冰，每隔一段距离加温一次。

人类自从学会了用火、制作衣服和建造房屋以后，生活的地区就逐渐向北扩展到了北极圈内，因纽特人（爱斯基摩人）就是这样的民族。许多报道和照片都说那里的因纽特人居住在冰雪小屋之中，但有的科学书籍指出，情况并非完全如此。有人研究过，这种雪屋是有，但并不很多。因纽特人一般也喜欢垒石为房，只是在迁徙或稍作停留的途中建造雪屋，因为造雪屋比垒石造房要容易得多。首先，他们把压实的雪切成大块雪砖，然后用雪砖垒成像半球形的雪屋。用雪封住雪砖间的间隙，在室内放一把火，使表层的雪略略融化，房屋就密封了。这种雪屋当地人称为“依格罗”。由于密封程度较高，点灯加人体散发的热量，使室内温度比室外高许多。

爱斯基摩人的雪屋

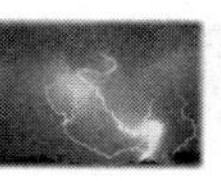

但正因为如此，雪屋会发生缓慢的融化，最终有坍塌的危险。一般一个雪屋居住一两个月就要放弃，另造新屋。好在因纽特人造雪屋技巧高明，花费不了太多的时间。

在热带和赤道地区，终年皆夏，温度既较高，空气又潮湿，因此通风降温成为房屋居住的主要问题。这些地区房屋窗户大而多，开放性大，多面向海风或山谷风方向。开放性最大的房屋也正是在这里。据记载，太平洋中部热带的西萨摩亚的农村房屋，就是把一根根树干围成圆形或椭圆形，顶上覆以椰叶和蒲草。房子没有墙，四面通风，很像中国南方以前的凉亭。房顶下挂的长苇席，可以卷起或放下。收起时八面凉风入屋，放下时抵挡风雨以及下午灼热的西晒阳光。由于这种凉亭或茅屋十分适应当地气候，因而遍及西萨摩亚各地，甚至首都阿皮亚市内的不少房屋也修成凉亭式，连国家议会大厦也修成了一个大凉亭。当然这里的凉亭式建筑盛行也与当地多地震有关，但是这种凉亭式房屋在太平洋中南部的其他许多岛屿，如瑙鲁、所罗门群岛以及其他大洲的赤道热带地区也都能看到。

热带地区农村民居的另一大类就是干栏式建筑。这种建筑一般先夯木柱，上架横木，然后再在上面造屋。上层住人，因为高处通风凉爽，同时也避免地面潮湿和蛇虫蚊蝇叮咬；下层圈养家畜或放一些杂物。中国云南西双版纳的孔明帽式竹楼，就是干栏式建筑的一种典型代表。过去竹楼都用长竹片条编墙和地板。通过墙壁空隙，晚上可见星星；人踩在地板上弹性很强。但近年来随着傣族人民生活水平的提高，竹楼正慢慢被木楼代替，但房屋的结构和形状都没有变化。

降水与传统民居

如果我们从陕西关中地区向南翻越秦岭进入陕南地区，就会发现秦岭两侧的农村房屋，差别也是很明显的。关中地区以土墙泥顶房屋居多，陕南则以砖墙瓦顶房占大多数，即使许多房屋还是土墙，但墙的下部还是用砖或石块砌的。其实，这种情况在东部地区也有，其分界线大致在淮河，不过没有秦岭两侧变化那么迅速罢了。秦岭—淮河一线，就是中国自然地理习惯上的南北方分界线。线南雨季长、雨水多（年雨量1000～1500毫米），阴雨季长，砖瓦房较适应这种多雨潮湿气候；线北雨季短（7、8月）、雨量少（年雨量750毫米左右以下），土房足以适应这种气候，而且造价也便宜。

用香茅草做房顶的房子已成为景点

多雨潮湿地区的房顶，除了用瓦以外，也还有其他许多因地制宜的材料。例如，贵州山区用层理平整的天然薄石片为瓦，也美观实用；有些山区劈粗竹、通竹节为长瓦，屋内也可不漏雨；西双版纳、德宏自治州的香茅草、东帝汶的棕榈叶、西萨摩亚的椰树叶等也都是取之不尽的房顶材料。相反，中国内陆西北干旱地区虽也有以瓦为顶的（例如宁夏），但却只有仰瓦而无覆瓦。因为这里下雨少，雨量也不多，无覆瓦不足为患。

在特别潮湿多雨的地区，还常把屋檐伸出较长，或者把屋面形状从直线变为曲线，即从顶到檐先陡后缓最后略略翘起，可使屋面雨水射出更远，即所谓“吐水疾（快速）而溜远”。在更多阴雨的地区，还在屋檐下装雨槽集中导水，以及加高房基，这些都能防止屋檐水侵蚀墙基。日本暴雨多、历时长的地区，为了防止瓦棱渗水，都用灰泥涂抹瓦接缝处，并加大屋顶的坡度以减少雨水在屋顶上的停留时间。

在季节性泛滥的地区，例如柬埔寨金边湖周围，湄公河三角洲同塔梅平原和前、后江平原地区，都是旱季可种田、雨季好捕鱼的鱼米之乡。这些地区的农民都住在高脚房屋中，旱季中可上楼下楼，雨季中跨出门槛便是水，坐着小船出入，有着独特的居住方式。

其实，不一定季节性泛滥的地区才有高脚水上房屋。热带非洲贝宁共和

国最大的城市科托努附近郊区的诺库湖上有个水上村庄冈维埃，它以独特的水上房屋建筑和居民的原始生活方式吸引着那些久居陆地高楼的世界各地的旅游者，使这里成为贝宁的三大名景之冠、西非的旅游胜地。

在高温多雨的热带城市里，也有许多与这种气候相适应的建筑，最典型之一要算是街道两旁的行人廊（俗称骑楼）了。在中国东南沿海的厦门、汕头、广州、南宁的许多城市都可以见到，街道两旁的商店楼房从二楼起向街心方向延伸到人行道上，以避免热带骄阳的直接照射并解决行人、顾客的避雨问题。许多中小城镇一般也有把屋檐延伸以构成行人廊的建筑，例如福建漳平、广东梅县等城镇的柱式支撑行人廊，福建龙岩等地的行人廊则以拱代柱支撑，远看街道两旁就似长长的拱桥一般。正因为有了这种行人廊，许多热带城市居民上街常常不带雨具。

雨和雪虽然降水性质不同，但多雨和深雪对房屋居住的影响，却有许多相似之处。例如，世界上的多雪地区，街上积雪厚度可以没人头顶。在日本本州地区西海岸，冬季正处在西北季风的迎风侧，是世界冬季多雪地区之一，许多城市在冬季都要在加长的屋檐下加设临时墙壁，形成封闭的行人廊如长冈市和高田市等，冬季积雪特多，还有专门的木制行人廊，称为“雁木”。积雪深厚的日本山区，房屋大都造成两层楼，冬季底层被雪围困，还可以直接走屋外楼梯，由二楼出入。

中国南方地区的骑楼

此外，在积雪多的地区，由于房屋受雪压过重会受到损害，因此除了加固房顶，例如加密椽子和屋檐加支撑等措施以外，屋顶坡度一般较陡，以尽量减少屋顶积雪。中欧山区和西北欧地区中世纪的尖顶房屋就与多积雪的气候有关。

昼夜温差与传统民居

在地球上，干旱气候区域大都分布在热带和亚热带地区。晴朗的天空，丰富的日照，地面又无水分蒸发以降温，因此干旱地区的夏季是十分炎热的。各大洲和世界的极端最高气温记录都发生在干旱地区。此外，干旱地区因为晴朗少云，所以白天气温升得高，夜间气温也降得低，气温昼夜变化大。干旱地区这种白天炎热、昼夜温差大的气候特点，使得当地的房屋逐渐形成了厚墙小窗的特点。例如，适应撒哈拉炎热气候和巨大温差的非洲苏丹式房屋就是这样，地中海周围和中东地区尖顶、厚墙、小窗的阿拉伯式建筑也是这样。厚墙小窗的目的是，白天室内尽量保持夜间获得的凉爽温度，小窗可以减小白天的通风量即减少从窗户的进热量，厚墙可减少白天太阳热量传入。中国高温冠军新疆吐鲁番地区的农村房屋，除了厚墙小窗趋势外，还有两个特点：一是入地一尺至二尺，利用地下的凉爽作用；二是家家房前屋后种上葡萄等攀援藤本植物，使屋顶和墙壁免于阳光直射，从而显著降低室温。

大风与传统民居

日本和中国都是世界上台风最频繁的国家。为了和台风作斗争，劳动人民在长期实践中找出了许多办法。例如，中国海南岛许多居民都凿石砌厚墙，既抗风，夏季屋内也比较荫凉；正当台风北上之冲的日本高知县，两层楼的高度比邻县要低68厘米左右，屋顶也比较平缓，以减少受风面积；渔村中许多房屋，用渔网网住屋顶，或用大石压住；瓦片用灰泥抹缝，甚至用粗方木条作楞，上面覆以整张马口铁皮做成“铁板一块”的坚固屋顶，以防大风揭顶揭瓦。此外，在台风危害较大的地方，大都垒防风垣（墙）保护房屋，石垣高度与屋檐齐，防风效果较好，几乎家家如此，以至成了当地农家房屋的一个特色。日本冲绳宫古岛上的石垣镇，就是以此得名的。中国台湾东南70千米兰屿岛上的椰美族人，为了躲避台风大风，利用海边圆石垒起牢固的地基和墙壁，建成了半地下式的两层楼房。

在中国和日本等东亚季风地区，不光有夏季南来的台风，还有冬季北来

的寒潮。在中低纬度地区，强劲的北风是很寒冷的，因此，挡风也就是避寒，所以这些地区的房屋都采取面南背北，避风向阳。为了躲避寒风，北墙一般不开窗户。中国北方城市，凡房屋朝北朝西的门都装“暖阁”（门斗），使门变成向东或向南开，以避免寒风直入室内。日本西海岸农村住宅的西北方都植防风树木围护，向北突入日本海中的能登半岛西岸，常常是西北风加上大雪，所以家家还有防雪栅栏设备。

节气概说

JIEQI GAISHUO

节气指二十四时节和气候，是中国古代订立的一种用来指导农事的补充历法。由于中国农历是一种“阴阳合历”，即根据太阳也根据月亮的运行制定的，因此不能完全反映太阳运行周期，但中国又是一个农业社会，农业需要严格了解太阳运行情况，农事完全根据太阳的运行规律安排，所以在历法中又加入了单独反映太阳运行周期的“二十四节气”，用作确定闰月的标准。本章着重介绍了节气的由来、二十四节气，以及节气与历法、传统节日的关系等内容。

节气的由来

立春、清明、夏至、立秋、冬至……这些节气的名称，大家都很熟悉。但是什么是节气呢？二十四节气是中国古代人民一项了不起的发明，是世界上独一无二的历法。随着中国古代历法的对外传播，从近代起，又随着华侨的足迹所至，二十四节气已在全世界广泛流传。

二十四节气的发明，与中国古代发达的农业和科技有很大的关系。农业生产与季节、气候关系非常密切，中国古代劳动人民很早就知道了气候变化与太阳的位置有关，所以，就发明了用土圭（guī）来观测日影，以此来决定

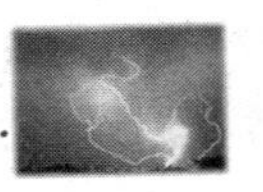

季节。所谓“土圭”，其实就是一根简单的杆子，把杆子插在土里，阳光就会在地上投下一条影子。古人每天中午测看日影，发现一年里日影的长度发生着很有规律的变化：从夏到冬，日影由最长逐渐变到最短；从冬到夏，日影又从最短变成最长。于是古人把日影最长的那一天和最短的那一天统称为“日至”。“至”就是到顶的意思。他们把日影最长的这天，叫做“日长至”，或叫“长至”，也就是“夏至”；把日影最短的这天叫做“日短至”，或叫“短至”，也就是“冬至”。

复原的土圭

后来，古人又在春、秋两季里，发现各有一天白天和夜晚的时间相等，于是就规定这两天分别为“春分”和“秋分”。

到战国后期的《吕氏春秋·十二月纪》里，已经记载了立春、春分、立夏、夏至、立秋、秋分、立冬、冬至这八个节气的名称。这八个节气是二十四节气中最重要的节气。二十四节气的全部名称，最早出现在西汉的《淮南子》一书中，距今已有两千年。从地下出土的文献完全可以证明，中国在西汉时期就已经用节气注历，所以早在两千多年前，古人只要观看历书，就能很方便地掌握季节了。

二十四节气与地球公转

实际上，二十四节气是根据地球绕太阳公转的运动规律制定的，因此每一个节气都能真实地反映太阳所在的位置。地球绕太阳运行的轨道，也就是太阳在天空中周年视运动的轨道称为黄道，分圆周为360度。二十四节气以春分点为起点，将黄道等分为24段，每段为15度，太阳每移行15度就表示到了一个节气。由于太阳走完每段所用的时间大致相同，因此二十四节气在公历中的日期基本变化不大，上半年的十二个节气一般都在每月的六日和二十一日左右；下半年的十二个节气在每月八日和二十三日左右，前后最多相差一二天。

由于中国地域广大，幅员辽阔，不同地区气候差异很大。二十四节气并不适合于每一个地区，主要适用于长江和黄河中下游地区。

二十四节气的名称

二十四节气的名称，都是古代人民从生产、生活实践中概括总结出来的。这些名称的含义有的属于天文学方面，有的属于气象方面，也有的属于物候和农作物方面，基本上反映了一年中各个季节和时令的特征。

（1）反映不同季节的，有8个节气：立春、春分、立夏、夏至、立秋、秋分、立冬、冬至。

（2）反映物候现象的，有4个节气：惊蛰、清明、小满、芒种。

（3）反映气候变化的，有12个节气：雨水、谷雨、小暑、大暑、处暑、白露、寒露、霜降、小雪、大雪、小寒、大寒。

由于二十四节气能全面准确地反映季节和气候的变化，与农业生产关系密切，因此具有很强的实用性。中国古代劳动人民结合二十四节气，编出了许多掌握农时节令的歌诀、农谚，比如“小满前后，安瓜点豆”、“清明谷雨两相连，浸种耕田莫迟延”、“栽树莫要过清明，种上棒槌也发青”、“冬至菜花年大麦”、“冬至有霜年有雪”、“冬至多风，寒冷年丰”等等，一直流传到今天。根据节气，人们能很熟悉地知道该干什么农活。二十四节气和这些根据各地不同气候特点编制的农谚、歌诀，大大帮助和促进了中国农业生产的发展。所以，公历虽然已在中国使用几十年了，但是二十四节气在中国仍然非常流行。我们现在的日历上仍然可以查到它。

清明节

清明节是农历二十四节气之一，在仲春与暮春之交，也就是冬至后的106天。中国传统的清明节大约始于周代，距今已有2500余年的历史。《历书》载："春分后十五日，斗指丁，为清明，时万物皆洁齐而清明，盖时当气清景明，万物皆显，因此得名。"清明一到，气温升高，正是春耕春种的大好时节，故有"清明前后，种瓜种豆"之说。清明节是一个祭祀祖先的节日，传统活动为扫墓。2006年5月20日，该民俗节日经国务院批准列入第一批国家级非物质文化遗产名录。

历法概说

什么是历法？历法是怎样产生的呢？历法和节气之间有什么关系呢？我们将在本节内容中详细地解答这些问题。

中国古代的历法

远古时代，中华民族的祖先在集体狩猎和采集野果的过程中，对自然界寒来暑往、月亮圆缺、昼夜交替以及野兽出没和植物生长的规律有了初步的认识。当人类进入农耕社会以后，在长期的生产实践中，人们体会到大自然寒来暑往的季节变化与农作物的播种和收获关系极大。只有正确地掌握季节时令，才能不误农时，及时耕种，保证丰收。于是人们利用植物的枯荣、候鸟的迁徙、动物的蛰伏等物候变化来推测时间，确定农时。比如，贵州省瑶族只要听到布谷鸟的叫声，就开始播种；处于原始社会状态的云南省拉祜族一看到蒿子花开就开始翻地；而傈僳族则以山顶积雪的变化来预报农时。由于人们对寒来暑往、季节交替的认识，产生了年、月、日的概念，诞生了最原始、最粗糙、最简单的历法。

古老的中国从殷商时代就出现了有文字记载的日历。在三四千年的时间里，一直沿用自己独特的历法系统。其间大致可分为四个时期，即准备时期：

徐光启像

从夏、商、周到春秋战国初期为观象授时，制定科学历法的准备时期；古历时期：汉武帝太初元年以前所采用的历法；中法时期：从汉太初历始至明大统历为止；中西合法时期：从明末徐光启主持历局，编纂崇祯历书始，到辛亥革命止。历法中虽然是采用西欧方法和数据，但却将其纳入了中国传统历法的模式，故被称为中西合法时期。

中国古代历法具有鲜明的特点。它不仅仅包括年、月、日和一些重要日期的安排，而且设置了闰月、闰日，还将日、月、五星各种天体的运动考虑进去，测定昏旦中星时刻和日食、月食，推算二十四节气以及各节气晷影的长度等。中国历法有些类似于现代编纂的天文年历。因此中国古代的历法改革不可能像欧洲16世纪儒略历改为格里高历那样，仅仅对年、月、日进行调整，而是要对日、月、五星等天体的各种运动进行全面考虑。中国历代帝王，都声称自己是“真龙天子”，是奉上天的旨意来统治臣民的，要根据天象来占卜国家的政治命运，所以天文观测就成为头等重要的大事。因此，天文历法的颁布，就不仅仅是为满足农业生产和人们日常生活的需要了，而成为皇权的象征。每当改朝换代时都要颁布新的历法，自战国时期的古历至清末就达100余部。

历法的分类方法

所谓历法，就是根据天象变化的规律来计量时间，判别气候，划分季节的一种法则。人们通过长期对日月星辰的观测，逐渐了解和掌握了地球、月亮和太阳的运行规律，测出了真太阳日、朔望月和回归年这三个自然的时间单位。但是历法中所采用的年、月、日，并不能准确地等于天然的时间单位，因为真太阳日忽长忽短，无一定数，回归年和朔望月都不是日的整倍数。

历法的根本任务在于科学地安排年、月、日，使它们既符合天体运行的规律，又适合人们日常生活的习惯。古今中外所有历法，从基本原理上看，不外三种类型，即阴历、阳历和阴阳合历。

阴历：它是根据月相的圆缺变化周期（即朔望月）制定的。在古代，月亮又称太阴，所以这种历法又称太阴历或阴历，它与朔望月有紧密关系。

月亮是地球的天然卫星，围绕着地球，终日不息地旋转。它在绕地球公转的同时也在自转，而且自转与公转的周期相同、方向相同，因此月亮总是以同一面对着地球。月亮本身并不发光，它只反射太阳的光线，对于地球上的观测者而言，随着太阳、月亮、地球三者相对位置的变化，在不同的日期里，就会看到不同的月相。月亮经历了朔、上弦、满月、下弦的月相演变周期。天文学上规定，从朔到朔，或从望到望的时间间隔称为“朔望月”，一个朔望月的平均长度为29.5306日。

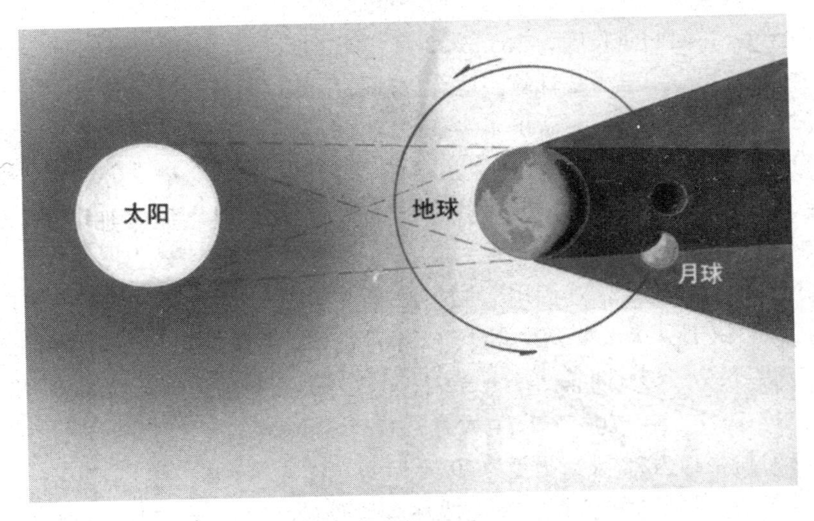

太阳、地球和月亮

为使阴历中每一个历月都近似地等于朔望月的平均长度，天文学家们的确费尽了脑筋。朔望月的平均长度大约为29.5306日，并不是一个整天数。如果两月取29天，则要短于朔望月大约半天，新月出现的时间每月要向后推迟半天；如果历月取30天，则又要长于朔望月半天左右，新月出现的时间又要逐月提前，时间一长就会出现一个历月中出现两次新月现象。为了解决这个矛盾，制历家们巧妙地采用历月长度为29日和30日交替使用的方法，这样每月的平均长度为29.5天，不仅十分接近于朔望月长度，又能保证每月的初一在朔日，使得月相与日期相对固定。

由于朔望月的平均长度为29.5306日，阴历历年的实际长度应为354.3672日，这多出的0.3672日如何处理呢？制历家们又将第三年12月的29日改为30日，称这一年为闰年，这就是阴历历年平年为354日，闰年为355日的由来。

阳历：阳历就是目前全世界通用的日历——格里历，又称公历。中国自公元1912年开始正式采用格里历，日历牌上醒目的年、月、日指的就是公历。

阳历是以地球绕太阳公转作为依据制定的历法，它的基本运行周期为一回归年。回归年实际是春、夏、秋、冬四季循环变化的周期，也就是地球上太阳直射点从赤道开始徘徊于南北回归线之间的周期。根据长期的天文观测结果得知，一回归年长度为365.2422日，即365天5小时48分46秒。若把这一数值直接应用于历法计算，就会出现每年新年向后推移的现象。天文学家经过缜密的运算之后，做出了一条规定，即每满100年少置1次闰，到第400年再闰，也就是说每400年中共有97个闰年。这样一来，历年的平均长度为365日5小时49分12秒，与回归年长度仅有26秒之差，累积3300年才会差一日，精确度相当高了。

阳历的历月数目沿袭了阴历的办法，将一年分为12个月。历月的平均长度为30.4368日，为取整天数就要有大小月之分。大月31日，小月30日，平年5个大月，7个小月；闰年6个大月，6个小月。目前国际通用的公历历月为1、3、5、7、8、10、12月为大月，31天；4、6、9、11为小月，30天；唯有2月份平年为28天，闰年为29天。

阴阳历，就是兼顾太阳、月亮两种运动而制定的历法。中国自殷商时代起就采用简单粗糙的阴阳合历。由于它与农业生产的紧密联系，又被称为农历。该历以月亮绕地球运行一周的时间（朔望月）纪月，又以地球围绕太阳运行一周的时间（回归年）纪年。阴阳历中任何历月的每一个日期都有月相上的意义，如初一在朔，满月在望等。历年的平均长度因与回归年相去不远，则春、夏、秋、冬四季在一年中相对固定。这样的历法看起来应该是很理想的了，其实阴阳历也有其欠缺之处。朔望月的周期是29.5306日，回归年的

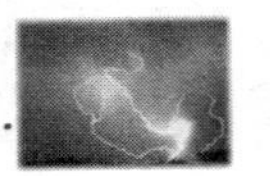

周期是365.2422日，两个周期间没有整数倍数关系，互相不能除尽。如何调整它们之间的关系，一年中到底安排几个月最为合理，成为历法中的难题。对此，中国古代先人们在长期观测和精密计算的基础上，到春秋战国时代，制订了“十九年七闰法”，即在19个阴历年中设置12个平年、7个闰年。这样，19个历年的长度就与19个回归年大略相同了。如下式：

祖冲之

19年中共有：$12\times19+7=235$（个朔望月）

1个朔望月＝29.5306日

235个朔望月＝6939.69日

另一方面：1个回归年＝365.2422日

19个回归年＝6939.60日

从上式中可以看出，19个回归年的天数与235个朔望月的天数仅有0.09日的差别。依照“十九年七闰法”可以把阳历和阴历较好地协调起来，使得阴阳历既能反映太阳的运动，又能反映月亮的运动，中国对这一规律的发现，要比希腊早160多年。

南北朝时期，著名天文学家祖冲之又创立了比“十九年七闰”更加准确的“三百九十一年一百四十四闰”，即在391个阴历年中插入144个闰月的方法。其后历代又有所创新，直到唐代李淳风编纂《麟德历》时，才彻底废除了闰周。

二十四节气也是一种历法

二十四节气，其实也是一种历法。自从有了节气概念以后，人们就能准确地知道该干什么农活了。虽然公历在中国已实行90多年了，但“清明下种，谷雨插秧”等谚语和歌谣在农民中仍广为流传，可见二十四节气的生命力。二十四节气是节气和中气的总称。其中以立春、惊蛰、清明、立夏、芒种、小暑、立秋、白露、寒露、立冬、大雪、小寒为节气，雨水、春分、谷雨、小满、夏至、大暑、处暑、秋分、霜降、小雪、冬至、大寒为中气。节气置于月初，中气置于月中。农历中规定以十二个中气，作为十二个月的标志，每个月都要有一个固定的中气。如含雨水的月为正月，含春分的月为二月，含冬至的月为十一月等等。

知识点

农　历

农历是中国目前与格里历（即公历）并行使用的一种历法，人们习称“阴历”，但它其实是阴阳历的一种，即夏历，并非真正的“阴历”。

物候学概说

什么是物候学

要讲节气与物候学，自然要先讲一讲什么是物候学。物候学是研究自然界植物和动物的季节性现象同环境的周期性变化之间的相互关系的科学。它主要通过观测和记录一年中植物的生长荣枯、动物的迁徙繁殖和环境的变化等，比较其时空分布的差异，探索动植物发育和活动过程的周期性规律及其对周围环境条件的依赖关系，进而了解气候的变化规律及其对动植物的影响。它是介于生物学和气象学之间的一门边缘学科。

环境对动植物生长和发育的影响是一个极其复杂的过程。但是，用仪器只能记录当时的环境条件的某些个别因素，而物候现象却是过去和现在各种环境因素的综合反映。因此，物候现象可以作为环境因素影响的指标，也可以用来评价环境因素对于动植物影响的总体效果。

中国古代的物候历

中国最早的物候记载，见于《诗经·豳风·七月》，其后的《夏小正》、《吕氏春秋·十二纪》、《淮南子·时则训》和《札记·月令》等，则已经按月记载全年的物候历了。而《逸周书·时训解》更把全年分为七十二候，记

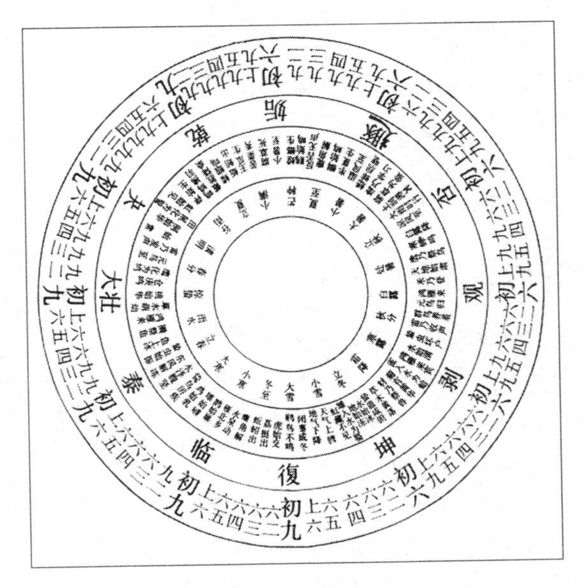

七十二候图

有每候五天的物候，成为更加完善的物候历，北魏时曾附属于历书。

所谓的七十二候其实是中国古代黄河中下游地区的一种物候历。以 5 日为候，一年共 72 候。每候与一物候现象相应，称候应，表示一年中物候和气候的变化状况。有生物物候和非生物物候两种。在生物候的 52 项中，野生植物 8 项，栽培植物 5 项，野生动物 38 项，饲养动物 1 项。在非生物物候的 20 项中，自然现象 7 项，气象现象 13 项。各候的物候现象大同小异，不同版本提出的七十二候亦略有差异，始见于《逸周书·时训解》，北魏起载入历书。七十二候对古代农民掌握农时起过作用，但因其地方性很强，难以推广应用到别处。

在西汉，著名的农学著作《氾胜之书》有以物候为指标来确定耕种时期的记载，如“杏始华荣，辄耕轻土弱土；望杏花落，复耕”。至南末，浙江金华人吕祖谦记载了南宋淳熙七年和八年金华的物候，有腊梅、桃、李、梅、杏、紫荆、海棠、兰、竹、豆蓼、芙蓉、莲、菊、蜀葵和萱草等 24 种植物开花结果的日期，春莺初到和秋虫初鸣的时间，是世界上最早的实际观测的物候记录。

明代，李时珍的《本草纲目》所载的近两千种药物中，有着极为丰富的植物物候资料，此书的第四十八、四十九两卷记述了候鸟布谷鸟和杜鹃的地域分布、鸣声、音节和出现时间等，是鸟类物候的翔实记载。19 世纪中叶，太平天国颁发的《天历》，其中《萌芽月令》就是以物候指导农时的月历。

李时珍

现代物候学的起源与发展

在欧洲，古希腊的雅典人就已经编制了农用物候历。英国马香子孙五代，则从 1736 年起到 20 世纪 40 年代止，对植物、候鸟和昆虫等 27 种动植物进行了长期观测和记录。这是欧洲年代最长的物候记录。18 世纪中叶，瑞典植物学家林奈所著《植物学哲学》一书，概述了物候学的任务，物候的观测和分析方法，并组织了有 18 个点的观测网。他是欧洲物候学的主要倡导者之一。

在德国，植物学家霍夫曼从 19 世纪 90 年代起建立了一个物候观测网。他选择 34 种植物作为中欧物候观测的对象，亲自观测了 40 年。其后，又由其学生伊内接替。在美国，森林昆虫学家霍普金斯于 1918 年提出了北美温带地区物候现象陆空间分布的生物气候定律。

竺可桢

在中国，现代物候学研究的奠基者是竺可桢。他在 1934 年组织建立的物候观测网，是中国现代物候观测的开端。在他的领导下，1962 年，又组织建立了全国性的物候观测网，进行系统的物候学研究。为了统一物候观测标准，1979 年又出版了《中国物候观测方法》，逐年汇编出版《中国动植物物候观测年报》。

20 世纪 50 年代以来，由于各国物候观测网的扩大，物候资料更加丰富了。更由于遥感技术和电子计算机等的应用，物候学的研究在规律的探索和应用方面都得到了更大的发展。

物候学的观测方法

物候学的基本研究方法是平行观测法，即同时观测生物物候现象和气象因子的变化，以研究其互相关系。主要是定点观测生物物候现象的周年变化；按照统一的观测方法组织物候观测网，对物候现象同时进行观测；在短期内(3~5天)使用汽车等交通工具进行小地区的物候观测；通过地球资源卫星照片来分析农作物和植被的物候变化；通过试验来研究物候期受气候等因子影响时的生理机制。

各种生物物候现象的出现日期，虽然每年随气候条件的变化而变化，但在同一气候区内，如果不受局部小气候的影响，其先后顺序每年保持不变。在不同的气候区域内，由于生物品种和气候条件的组合发生变化，物候现象的顺序就会改变。物候现象的顺序性是编制自然历和预报农时的基础。

由于气候分布的地带性和非地带性，物候现象随纬度、经度和高度的变化具有推移性的特点。如1918年霍普金斯提出的生物气候定律：在其他因素相同的条件下，北美温带地区，每向北移纬度1°向东移经度5°，或上升约122米，植物的阶段发育在春天和初夏将各延期4天；在晚夏和秋天则各提前4天等等。

物候学研究已成为生态系统的分析和管理的一个方面。在物候区划、农作物的合理配置、山区垂直分布带土地的合理利用、防止环境污染和三废利用等方面，正进行着大量的物候学研究工作。除对物候现象作宏观研究外，已经开始对植物器官内部形态的变化进行观察研究。在研究气象条件对生物物候影响方面，已开始利用人工气候室进行实验研究，及建立气象条件和生物物候变化的数学模式等研究。

古诗词中的节气与物候

节气可以预见物候，而物候也可以反映节气。中国古人对这一现象关注的比较早，古诗歌中就包容着极其丰富的物候知识。

比如“竹外桃花三两枝，春江水暖鸭先知”。(苏轼题惠崇《春江晚景》)

早春天气，鸭子最先感知春江水暖，嬉戏水中。

“天寒水鸟自相依，十百为群戏落晖。过尽行人都不起，忽闻冰响一齐飞。”（秦观《还自广陵》）晚冬时节，水鸟相依，一声冰响，群鸟惊飞。鸭子与小鸟同是春天的使者。

“黄梅时节家家雨，青草池塘处处蛙。”（赵师秀《约客》）诗中出现的三种物象，表明了春末夏初梅子黄熟时的节令特点。

黄巢《题菊花》：“飒飒西风满院栽，蕊寒香冷蝶难来。”菊花凋零，蝴蝶敛迹，虽不着一“秋”字，秋令的阵阵凉意却扑面而来。

至于李白的《塞下曲》，则把读者引向另一个世界：“五月天山雪，无花只有寒，笛中闻折柳，春色未曾看。”五月正值仲夏，在内地早已是百花凋谢之日，而地处西北边塞的天山（祁连山）仍旧积雪覆盖，无杨柳与花草，表明在黄河流域海拔超过四千多米的地方，既无夏季又无春秋的特点。由此不难看出内地跟塞外气候的差异之大。

涉笔物候的古诗中往往会看到前人的农事和军事活动。如范成大的《四时田园杂兴》：“蝴蝶双双入菜花，日长无客到田家。”这两句写江南晚春乡村的诗，借蝴蝶入菜花的描述衬托农夫农妇农事忙碌。再看文同的《早晴至报恩山寺》：“烟开远水双鸥落，日照高林一雉飞。大麦未收治圃晚，小蚕独卧斫桑稀。”上联描绘了一幅远山高林、野鸟飞翔的生动画图；下联写了春夏之交农夫农妇收麦、整菜、采桑、喂蚕，忙碌不堪的情景，亲切动人。而卢纶的“月黑雁飞高，单于夜遁逃。欲将轻骑逐，大雪满弓刀”（《塞下曲》其三），则是写行军打仗，敌人夜逃，雁群惊飞，由此引起我军大将的警惕，遂率领士兵追赶敌骑，充分表现了中华儿女的英雄气概。

综观上述，可知中国古典诗歌的物候描写，不单有文学方面的艺术价值，还是研究物候学及农业的可贵资料。

节气、历法与传统节日的关系

要讲清楚节气、历法与传统节日之间的关系，就不能不说一说中国独特的纪年方法，这就是干支纪年。我们都很熟悉“戊戌变法”和“辛亥革命”这类历史事件的名称。“甲午”、“戊戌”、“辛亥”，都是年份的名称，这种记

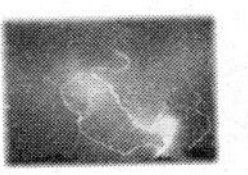

述年份的方法叫做“干支”纪年。

中国古代的纪年方法

为什么叫做“干支”纪年呢？对于这个问题，我们不妨先从现在的纪年方法谈起。我们现在用的是公元纪年，是目前世界上一般通行的纪年方法，它以耶稣诞生这一年起算。在中国古代，有两种纪年的方法。一种是以封建王朝的年份来纪年的。例如，唐太宗的年号叫贞观，他在公元627年做皇帝，这一年就叫贞观元年。玄奘赴西域取经在公元629年，这一年便是贞观三年。又如明朝最后一个皇帝思宗的年号是崇祯，崇祯自缢死亡的一年，是崇祯十六年。这样的纪年法，必须非常熟悉封建王朝的各个朝代和年号，计算起来很麻烦。而且遇有纪年方法不统一的时候，例如三国时，魏、蜀、吴三国各有各的年号，照哪一个纪年好呢？因此，这种纪年方法很不方便。

中国古代另有一种比较科学的纪年法，叫做“干支”纪年。“干支”就是天干与地支的合称。甲、乙、丙、丁、戊、己、庚、辛、壬、癸，这十个字叫“天干”；子、丑、寅、卯、辰、巳、午、未、申、酉、戌、亥，这十二个字叫“地支”。天干的十个字和地支的十二个字，依次搭配，如“甲子”、“乙丑”、“丙寅”、“丁卯”……这样配合成六十组，循环使用，就叫做“六十花甲子”。用这样的方法来纪年，每六十年循环一次，再配以一定的王朝年号等等，前后所隔年份，就比较清楚，容易计算。比如，1898年的维新运动，叫做戊戌变法；1911年孙中山先生领导的民主主义革命，通常叫辛亥革命；1894年，北洋水师抗击日本侵略的海战，称甲午海战。

耶稣画像

1961年是辛丑年，1971年是辛亥年，1981年是辛酉年……从它们的排列可以知道，凡是表示“天干”的前一个字相同时，一定是相隔10年的整倍数；而表示地支的后一个字相同时，如甲子与丙子，一定是相隔12年的整倍数。因为10

十二生肖与地支

与12的最小公倍数是60，所以天干、地支两字完全相同的年份，一定相差60年的整倍数。这种纪年法，虽然还不及公元纪年法方便彻底，但由于中国历史上用得很多，所以我们应该了解。

中国习俗上的生肖，就是以地支来计算的。它们的对应关系是：子—鼠，亥—猪，戌—狗，酉—鸡，申—猴，未—羊，午—马，巳—蛇，辰—龙，卯—兔，寅—虎，丑—牛。所以在实际生活习惯上，“干支”纪年也还有用处。

其实，十二生肖不独在中国流行，在印度、希腊、埃及等文明古国里也有，只是由于国家不同，十二种动物有所不同罢了。如希腊十二生肖为：牡牛、山羊、狮子、驴、蟹、蛇、犬、鼠、鳄、红鹤、猿和鹰。

历法与传统节日

讲了我国古代的纪念方法，我们再来看看我国的传统节日。讲到传统节日，自然要先说一说我国最重要的节日——春节。春节是中国民间历史最悠久、最隆重的传统佳节，其历史大约已有3000多年。古代先农们经过一年的辛勤耕作，在岁尾年初的农闲季节，用收获物祭祀众神，祈盼来年丰收，并开展各种喜庆活动，尽情欢娱和享受。春节习俗一直沿至今日。

春节实际是指农历元旦，即正月初一，与现行的公历毫无相关，在公历中日期也不固定。农历在中国影响深远，至今仍是公历和农历并用，在日历上，农历日期同样标出。公历新年元旦，中国人不十分重视，然而过春节却要隆重得多了。

那么，春节过后的元宵节是怎么回事呢？元宵节也是我国民间的一个重要节日。中国传统把每年农历的正月十五日、七月十五日、十月十五日分别称为上元、中元和下元。元宵节又称上元节，是在正月十五日（上元日）的那天夜间进行的庆祝活动。元宵节之夜，家家户户都要吃元宵，不

少地方还要举行大型花灯会和灯谜会，各电视台也要为百姓组织一个欢庆的文艺晚会。

据《史记》载：西汉初年，平定诸吕叛乱即在元月十五日，所以汉文帝（公元前180～前140）将正月十五日定为元宵节。在汉武帝时期，正月十五日也称为上元燃灯节，此晚灯火通宵，用于祭祀太乙天神，在天文学上，太乙曾专指北极星。自唐朝中期以后，上元灯会逐渐演变为元宵节。元宵节吃元宵，含合家团圆之意。

我国民间另外一个重要的节日是中秋节。中秋节是中国传统的最富诗意情趣的喜庆节日。中秋节之夜阖家团聚，观赏明月，品尝月饼，历史上不少文人墨客为中秋佳节写下了许多美丽的诗篇。

中国历史上，中秋节又称仲秋节，是在秋分基础上发展起来的。上古时代，只有仲秋节（即秋分节），无中秋节。但秋分在八月十五日前后，由于农历有闰月关系，秋分日可以在八月初至八月末的任何一天。古时秋分节是祭月节，无明月，就失去了祭祀的意义，故后人把中秋节由秋分固定为八月十五日，以使中秋节之夜，通宵能望见明月。历法规定秋季为七月、八月和九月。八月十五日正好为秋季的正中，称为中秋节最恰当了。

中秋节始于何时已无从考证。唐朝已有仲秋赏月活动，宋代较为盛行，明清已发展成中国传统佳节。中秋祭月是古老习俗，现今北京留存的四座祭坛遗址中，月坛就是古代专门祭月的场所。

我国还有一个比较重要的民间节日，即腊八节。古代称农历十二月为腊月，腊月初八是民间的腊八节。时至今日，每逢腊月初八，中国人还沿袭着喝腊八粥的习俗。腊八粥一般由江米、红枣、花生、栗子、红小豆、云豆和莲子等若干杂粮为原料，加水熬制而成。在不同的地域，腊八粥的原料组成略有不同。

古时“腊”是一种祭礼，岁末年终时，古人用打来的猎物祭祀天地、神灵和祖先，以求吉祥平安，这种祭祀活动也称为“腊祭”。佛教传入中国后，“腊祭”与佛祖释迦牟尼纪念日结合起来，随之产生了“腊八节”。相传释迦牟尼出家修行，有一天饥饿昏倒。幸好一牧女用粘米杂粮熬粥相救，后终在腊月初八悟道成佛。以后适逢腊月初八，寺院都要举行诵经，熬制五谷杂粮等多种原料配成的粥。这种粥称为“佛粥”，传到民间，就叫“腊八粥”了。

节气与传统节日

春节、元宵节、中秋节和腊八节都与我国的历法有关系。下面我们再讲两个跟节气有关的传统节日。炎热的夏季，在大暑和小暑之间，民间流传着“三伏”的说法。据《史记·秦本纪》记述，三伏创于春秋时代的秦德公二年（公元前676 年），距今已 2600 多年。农谚说“小暑不算热，大暑三伏天”，从中可以看出在华北地区，一年中最热的时期为三伏日。古代三伏天，民间百姓大多要休息不外出，以避暑气，富贵人家还要外游，选择荫凉地方消暑纳凉。

三伏含初伏、中伏和三伏，三伏也称末伏。年年过伏日，伏日是如何计算的，知道的人不多。《阴阳书》中叙述了三伏的计算方法：“夏至后第三庚日为初伏，第四庚日为中伏，立秋后第一庚日为末伏。”从这段文字可以看出，三伏的日期是按节气的日期和干支日期相配合来计算的。按农历规定，夏至后第三庚日（干支纪法中，带“庚”字的日期为庚日，如庚午日、庚寅日等）定为初伏第一日，也称为头伏。夏至日与初伏之间的天数是不固定的，在 20～30 日之间。第四庚日为中伏（也称二伏）第一日，因按干支纪日法，庚日到下一庚日之间相隔 10 日，所以初伏距中伏之间的日期固定为 10 日。立秋后的第一庚日进入三伏。从二伏到三伏的日数也不固定，有 10 天或 20 天之分，这取决于夏至到立秋有 4 个庚日还是 5 个庚日。如果有 4 个庚日，则有 10 天间隔；如有 5 个庚日，则有 20 天间隔。

三伏与农业生产有密切关系，自古以来流传着“头伏萝卜，二伏菜，末伏有雨种荞麦”、“初伏种胡麻，中伏种粟”等谚语，至今一些华北地区偏远农村还用着这些谚语来劳作。

我们经常听到人们用“冬练三九、夏练三伏”来形容一个人的刻苦训练。我们既然说了“三伏”，就不能不说一说“三九”。“三九”其实是冬九九中的第三九。

冬九九至今仍流传于中国北方。所谓冬九九，它是从冬至这一天算起，每 9 天为一九，顺序往下排列，共 9 个 9 天，合计 81 天。当自冬至日经过 81 天后，春天就来了。数九九按各地区农事与风俗的差异，编排出九九歌略有不同。如元朝《吴下田家志》一书中记载的现今仍流传于民间的一首“九九”歌：“一九、二九不出手，三九、四九冰上走，五九、六九沿河看柳，七

九河开，八九雁来，九九加一九，耕牛遍地走。”“九九”与“二十四节气”大致相应，故有“春打六九头”的说法。“九九”大约起源于宋代，数九九据说与中国传统文化有关。九是阳数，又是数中之最大。冬至过后，古人认为阳气开始上升，大地回暖，用阳数九来数九消寒，是祈盼来年丰收的好兆头。

中国传统节日

中国的传统节日形式多样，内容丰富，是我们中华民族悠久的历史文化的一个组成部分。传统节日的形成过程，是一个民族或国家的历史文化长期积淀凝聚的过程。我国的传统节日，无一不是从远古发展过来的，从这些流传至今的节日风俗里，还可以清晰地看到古代人民社会生活的精彩画面。目前，国家法定休假的传统节日有春节、清明、端午、中秋。

气候变化与气候极值

QIHOU BIANHUA YU QIHOU JIZHI

气候变化是指气候平均状态随时间的变化，即气候平均状态和离差（距平）两者中的一个或两个一起出现了统计意义上的显著变化。离差值越大，表明气候变化的幅度越大，气候状态越不稳定。本章介绍了气候变化、与世界气候有关的一些极值，如：寒极、热极、干极、雨极等内容。

气候变化概说

气候变化简史

地球气候处于不断的变化之中。气候变化的时间尺度从月、季、年际、年代际，一直到数以万年计的冰期和间冰期。影响气候变化的因子分外部因子和内部因子，外部因子主要包括太阳活动的变化、地球轨道的改变、日地关系的变化、地球表面火山爆发等自然因子和温室气体排放、森林砍伐、土地利用变化等造成大气组成变化的人类活动，内部因子包括海洋温度、大气环流、冰雪覆盖、土壤湿度、生态系统的变化等等。

气候一直呈波浪式发展，冷暖干湿交替。气候变化可以是周期性的，也可以是非周期性的。根据不同的时间尺度，地球气候史通常分为地质时期气

候、历史时期气候和近代气候三个阶段。地质时期的气候距今有1万~22亿年，以冰期间冰期交替出现为特点，时间尺度在10万年以上，温度振幅为10~15℃。历史时期气候一般又分为五大冰期。

1. 地质时期的气候变化：地质时期的气候变化指距今1万~22亿年的气候变化，其气候变化幅度很大，它不但形成了各种时间尺度的冰河期和间冰期的相互交替，同时也相应地存在着生态系统、自然环境等的巨大变迁。地质时期的气候体现了大气、海洋、大陆、冰雪和生物圈等组成的气候系统的总体变化。

（1）震旦纪大冰期气候——距今6亿年前。科学家在亚、欧、非、北美和澳大利亚的大部分地区中都发现了冰碛层。这是震旦纪大冰期气候的证据。

（2）寒武纪—石炭纪大间冰期——距今3亿~6亿年，包括寒武、奥陶、志留纪、泥盆纪和石炭纪，当时气候总体上趋于温暖、湿润，森林生长繁茂。

（3）石炭—二叠纪大冰期——距今2亿~3亿年，始于石炭纪末期，止于二叠纪中期，主要影响在南半球。

（4）三叠纪—第三纪大间冰期——距今200万~2亿年，包括三叠、侏罗、白垩，都是温暖气候。三叠纪时气候炎热而干燥，到侏罗纪时转为湿热，成为继石炭之后又一个成煤期。白垩纪时转为干燥，到新生代的早第三纪世界气候更普遍变暖。晚第三纪东亚大陆东部气候趋于湿润。

（5）第四纪大冰期——距今200万开始至现在。影响范围十分广泛的世界规模的大冰期。在第四纪时受冰期进退直接影响的地区形成亚冰期（平均气温比现在低8~12℃）和亚间冰期（气候比现在偏暖，低纬地区比现在高5.5℃）。中国也发生过多次亚冰期和亚间冰期气候的交替演变。

2. 历史时期的气候变化：自第四纪更新世晚期，约距今1万年左右时期开始，全球进入冰后期，并有两次大的波动。一是公元前5000年到公元前1500年的最适气候期，当时气温比现在高3~4℃；一次是15世纪以来的寒冷气候，其中1550~1850年为冰后期以来的寒冷期。为小冰河期，气温比现在低1~2℃。

3. 近代气候变化：近百年来由于有大量的气温观测记录，区域和全球的气温序列不必再用代用资料。尽管观测资料和处理方法不同，所得结论也不尽相同，但总的趋势是从19世纪末到20世纪40年代，世界气温出现明显的波动上升现象，40年代达到顶点。此后世界气候有变冷现象。进入60年代以后，高纬度地区气候变冷趋势更加显著；进入 70 年代以后，世界气候又趋暖；到 1980 年以后，世界气温增暖形势更为突出。

气候变化的原因

那么，气候为什么会发生这样的变化呢？原来气候的变化要受到三方面因素的影响。它们分别是天文因素、地文因素和人文因素。

1. 天文方面的原因主要有以下几个：

（1）太阳辐射强度的变化：太阳辐射可能在 10～109 年范围内变化。可见光辐射变化范围一般在 0.05%～1.0%，最大不超过 2.5%。太阳辐射的变化主要表现在紫外线到 X 射线以及无线电波辐射部分，当太阳活动激烈时，这部分辐射发生强烈扰动。如果太阳辐射变化 1%，气温将变化 0.65～2.00℃。

（2）太阳活动的准周期变化：研究表明，太阳活动的准周期变化与气候振动有密切关系。如太阳黑子的活动，其规律为 11 年、22 年和 88～90 年。但目前人们想根据太阳变化规律来探索气候变化的原因，尚未取得令人满意的结果。

（3）地球轨道要素的变化：地球轨道要素（地球公转轨道椭圆偏心率、自转轴对黄道面的倾斜度、岁差）的变化使不同纬度在不同季节接受的太阳辐射发生变化，通常用以解释第四纪冰期与间冰期的交替。

2. 地文学方面的原因：地质时期中，下垫面的变化对气候变化产生了深刻的影响。其中以地极移动（纬度变化）、大陆漂移、造山运动和火山活动影

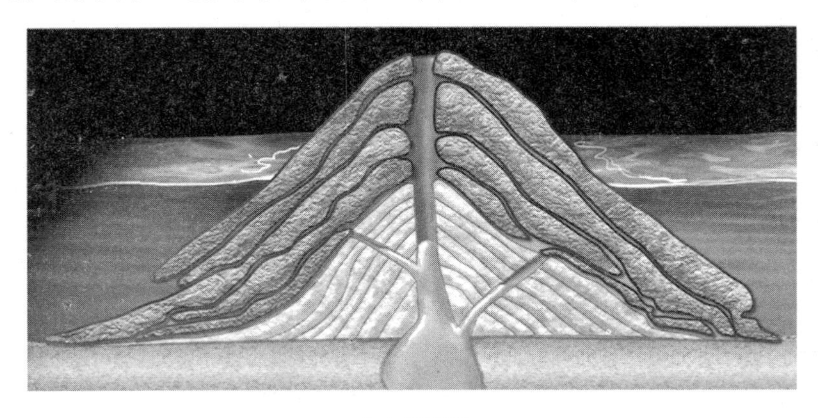

火山示意图

响最大。

据地质学家考察结果发现，在整个地质时期中，气候史上最大的冰川活动时期都发生在地质史上最重要的造山运动之后。如第四纪大冰期发生在从第三纪开始的新阿尔卑斯造山运动之后，石炭—二叠纪大冰期发生在晚古生代的海西造山运动之后。

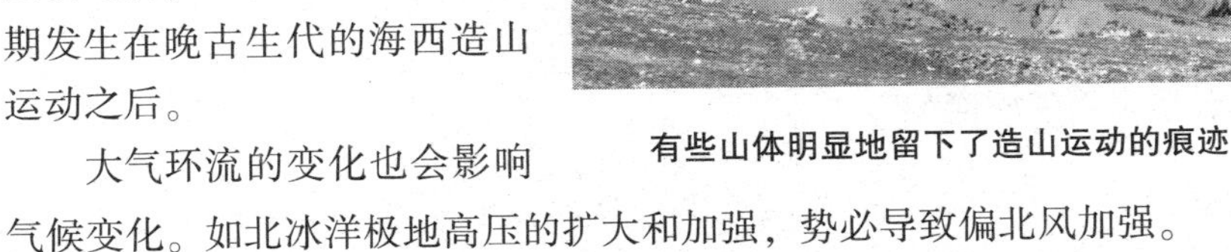

有些山体明显地留下了造山运动的痕迹

大气环流的变化也会影响气候变化。如北冰洋极地高压的扩大和加强，势必导致偏北风加强。

3. 人类活动对气候的影响：近百年来世界气候变化的主要影响因子，按其重要程度排序为：二氧化碳浓度变化、城市化、海温变化、森林破坏、气溶胶、荒漠化、太阳活动、O_3、火山爆发及人为加热。由此可见，大气中二氧化碳的含量的变化以被当作近代气候变化的首要原因。

工厂冒出的浓烟含有大量二氧化碳

“厄尔尼诺”现象

1997年春夏之交，热带中、东太平洋海温再次异常升高，形成了一次新的“厄尔尼诺”事件。这是一次来势很猛、发展迅速的强“厄尔尼诺”事件。从其发展趋势来看，8月和9月赤道东太平洋的海温已经达到了半个多世纪以来历史同期最高值。这次事件的强度目前已与本世纪最强的1982～1983年“厄尔尼诺”事件相当。

什么是“厄尔尼诺”

“厄尔尼诺”为“EINino”的音译，为西班牙语“圣婴”的意思。在南美厄瓜多尔和秘鲁沿岸，受来自高纬度冷洋流和涌升流的影响，海水温度比同纬度的太平洋西部明显偏低。每年圣诞节前后，当地海水都会出现季节性的增暖现象。海水增暖期间，渔民捕不到鱼，常利用这段时间在家休息，渔民们就把这种每年一度出现在圣诞节前后的海水增暖现象称为“厄尔尼诺”现象。在有些年份里海水增暖异常激烈，暖水区一直发展到赤道中太平洋，持续的时间也很长，它不仅严重扰乱了渔民的正常生活，引起当地气候反常，还会给全球气候带来重大影响。现在，“厄尔尼诺”一词已被气象和海洋学家用来专门指这些发生在赤道太平洋东部和中部的海水异常增暖现象。

气象学家们还发现，南太平洋和印度洋的海平面气压之间存在着“跷跷板”式的关系，往往一边气压升高，另一边气压降低，此现象被气象学家们称为“南方涛动”。南方涛动与“厄尔尼诺”的关系极为密切，“厄尔尼诺”期间南太平洋地区海平面气压下降而热带西太平洋至印度洋地区气压上升。所以人们又把“厄尔尼诺”和南方涛动合起来称为“厄索”。

“厄尔尼诺”不是一种孤立的海洋现象，它是热带海洋和大气相互作用的产物。它的物理过程十分复杂，科学家们对“厄尔尼诺”的形成机制虽然有了一定的了解，但还不完全清楚。

“厄尔尼诺”的发生具有准周期性，通常2～7年发生一次，但并不遵循严格的周期。1950年以来共发生了14次“厄尔尼诺”事件，分别发生在1951年、1953年、1957～1958年、1963年、1965～1966年、1968～1969年、

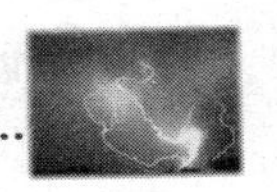

1972年、1976年、1982~1983年、1986~1987年、1991~1992年、1993年、1994~1995年及1997年。“厄尔尼诺”事件一般持续时间约为一年，短的仅半年，1950年以来最长的事件持续了约一年半。20世纪90年代以来，“厄尔尼诺”事件发生尤为频繁，其中在1991~1992年，1993年，1994~1995年连续发生了三次。这些事件不仅给海洋生物带来巨大影响，而且还使世界各地气候异常事件频繁发生。

“厄尔尼诺”的影响

在大洋洋面上，大气低层风驱动着表层海水的流动，由于受到地球自转偏向力的影响，海水并不顺着风向流动，而是在北半球偏向它的右侧，在南半球偏向它的左侧。南美北部太平洋沿岸盛行东南信风，风向平行于海岸，因此海水的流动是离岸的，沿岸表层没有海水来补充，迫使表层以下的海水上升，以替代流走的海水，使这个地区出现冷海水上翻现象，生成巨大的涌升流，使得该地区海温偏低。涌升流把海洋深层营养丰富的物质带到海面，受到阳光照射后，浮游植物利用这些营养生成叶绿素使自己大量繁殖，为靠吞食浮游植物生存的浮游动物提供了丰富的食物，再影响到海洋食物链中高一层次上的鱼类等海洋生物。

当“厄尔尼诺”发生时，南美沿岸涌升流减弱，无法把海洋下层营养丰富的冷海水带到海面，正常的食物链遭到严重破坏，浮游生物大量减少，很多鱼类失去了赖以生存的食物。东风减弱又使赤道太平洋海平面高度西部降低、东部上升，表层海水沿赤道向东涌。这股较暖的海水在数月之后到达太平洋东侧时，被迫沿海岸向南和向北流动，导致鱼类大量迁徙或死亡。这种影响可以北至加拿大，南至智利中部沿岸。因此，“厄尔尼诺”常常给赤道中、东太平洋沿岸国家渔业带来巨大损失。例如，1970年秘鲁的鱼捕获量达1200万吨，而经过1972年的强“厄尔尼诺”，1973年陡降到200万吨以下。由于鱼类的大量消失，海鸟也因得不到食物而迁徙或死亡，南美沿岸国家又因此失去了宝贵的鸟粪肥料，使当地农业生产和国民经济也受到了很大影响。“厄尔尼诺”期间赤道东太平洋和秘鲁沿海等地区海平面高度上升也是海洋许多生物遭灾的一个原因。1982~1983年强“厄尔尼诺”期间，圣诞岛海平面高度上升，出现了大量海鸟被迫抛弃巢中幼鸟在茫茫无际的大洋上绝望地寻觅食物的惨象。其他海洋动物也难逃劫难，到1983年中期海洋状况恢复正常时，当年25%的成年海豹和海狮以及全部的幼崽丧生。

“厄尔尼诺”现象不但对海洋生物产生极其不利的影响，也会对气候产生影响。正常情况下，赤道太平洋地区东风强劲，处于太平洋东部的冷海水区域上方的空气温度低、密度大，难以把水汽抬升到能够成云致雨的高度。因此，这一带洋面上空通常为无云或少云天气，年降水量只有500毫米左右；而印度尼西亚以西的热带太平洋暖海水区域则雨水十分丰沛，年降水量一般在2000毫米以上。

但是，当某种原因引起信风减弱时，维持赤道太平洋海面东高西低的支柱被破坏，冷水与暖水的区域就要发生变化，西太平洋暖的海水迅速向东蔓延，以前覆盖在热带西太平洋海域的暖水层变薄，海温在太平洋西侧下降，东侧上升。同时，赤道东太平洋的涌升流也随信风减弱而减弱，暖海水逐步占据了赤道中、东太平洋地区。当这种增暖达到一定程度并持续几个月以上时，被称为一次“厄尔尼诺”事件。温暖的海域又是大气能量的宝库，它加热海洋上空的潮湿空气，潮湿空气变轻并上升，形成对流云，使得这些地区降雨增加。热带西太平洋地区的多雨区随着海洋温度的改变而向东移动，直接导致印度尼西亚、澳大利亚、印度发生干旱，中太平洋及南美太平洋沿岸国家异常多雨，甚至引起洪涝等灾害。例如，印度季风与“厄尔尼诺”有很大的相关性，在1871~1990年间发生的26次“厄尔尼诺”中有22年印度降水偏少或干旱，其中最严重的几次干旱都发生在“厄尔尼诺”年。在1991~1992年，1993年，1994~1995年三次“厄尔尼诺”事件期间，澳大利亚东部经历了近60多年来最严重的干旱，持续时间长达4年之久；中南半岛、菲律宾、印度尼西亚也先后发生了不同程度的干旱。“厄尔尼诺”引起的持续干旱，使得这些地区的粮食和经济作物受到严重损失。

“厄尔尼诺”不仅改变了整个热带太平洋上空的大气状况，而且还影响到热带的其他地区，甚至会导致热带以外地区的气候异常。研究表明，“厄尔尼诺”还与非洲东南部和巴西东北部的干旱有联系；也对大西洋飓风有明显影响，“厄尔尼诺”年大西洋飓风日数明显减少；对西太平洋台风的活动也有一定影响。“厄尔尼诺”年登陆中国的台风数也较少，如1997年只有4次台风登陆中国，明显少于常年的7~8次，但也有例外的情况，如1957~1958年及1991~1995年三次连续的“厄尔尼诺”期间中国也出现登陆台风较多的情况。此外，“厄尔尼诺”还与热带以外的地区如加拿大西部和美国北部暖冬以

及美国南部冬季降水偏多相联系；与日本及中国东北的夏季低温、日本和中国的降水等也具有一定的相关性。但气候形成的原因是多方面的、错综复杂的，它常常是各种气候因子综合作用的结果。在热带地区，尤其是热带太平洋地区，“厄尔尼诺”对气候的影响最为显著；但在热带以外地区，如中国，“厄尔尼诺”对气候的影响就比较复杂。况且每次“厄尔尼诺”的出现时间、区域以及强度上都存在着很大的差异，不同类型的“厄尔尼诺”对气候造成的影响也不尽相同，很难断言“厄尔尼诺”发生时中国某个地区的气候一定会发生某种特定的异常。

未来的气候变化

目前地球正处于第四纪大冰期中一个相对温暖的间冰期后期。国际上关于未来气候变化的预测主要有两种截然相反的看法。部分学者认为未来将会变冷，另一部分学者则认为将要变暖。那么，到目前为止人们观测到的事实是怎样的呢?

全球及中国的气候发生了哪些变化

全球及中国气候变化的观测事实主要有以下几点：

气温变化

观测记录和研究结果表明，自 1861 年以来全球陆地和海洋表面的平均温度呈上升趋势，20 世纪升高了 0.6℃左右。

就全球而言，20 世纪 90 年代是自 1861 年以来最暖的 10 年，1998 年则是自 1861 年以来最暖的一年。近 100 年的全球温度仪器测量记录还表现出明显的年代际变化，20 世纪最主要的增暖发生在 1910 ~ 1945 年和 1976 ~ 2000 年期间。结合大量代用资料，对近 1000 年北半球气候变化的研究表明，20 世纪的增温有可能是近 1000 年中最大的，20 世纪 90 年代可能是近 1000 年中最暖的十年，1998 年是近 1000 年中最暖的一年。观测资料显示，1951 ~ 1989 年全国年平均气温以每 10 年 0.04℃的速率上升，表现出明显的上升趋势；自 1987 年以来出现了持续 14 年的异常偏暖，最暖的 1998 年偏暖 1.4℃。这一变暖趋势与全球变暖的趋势一致。但是，中国气候也表现出明显的年代际特征，20世纪60年代为弱下降趋势，70年代~80年代初为缓慢增暖趋势，80年代后期则出现显著增暖。就地区而言，东北、华北和西北地区西部增温最显著，而且冬季比其他季节增温明显，晚上增温比白天明显。

降水变化

高纬地区大部分陆地区域每十年降水增加0.5%~1.0%；北纬10°~30°大部分陆地区域降雨量每十年减少了0.3%；北纬10°~南纬10°热带大陆地区降雨量每十年增加0.2%~0.3%。与北半球相反，南半球不同纬度带没有检测出有类似的系统性的降水变化，这与没有足够的资料确定降水量的变化趋势有关。

观测资料表明，在过去近50年中，中国年平均降水量变化的趋势不显著，主要表现出明显的年际变化。已有的研究表明，1951~1989年全国年平均降水量存在弱的减少趋势，但区域性差异明显，降水减少最严重的是华北，其次是长江中下游、华东和西南地区。进入20世纪90年代，降水明显增多，但主要集中在长江中下游、华南和东北部分地区。

气候极端事件的变化

当某地的天气、气候出现不容易发生的“异常”现象，或者说当某地的天气、气候严重偏离其平均状态时，即意味着发生“极端事件”。世界气象组织规定，如果某个（些）气候要素的时、日、月、年值达到二十五年以上一遇，或者与其相应的三十年平均值的“差”超过了二倍均方差时，这个（些）气候要素值就属于“异常”气候值。出现“异常”气候值的事件就是“气候极端事件”。干旱、洪涝、高温热浪和低温冷害等事件都可以看成极端气候事件。

全球气候变暖后，不仅气候平均值会发生变化，天气和气候极端事件的出现频率也会随之发生变化。虽然由于观测资料严重不足，目前还无法确定20世纪气候极端值是否出现全球尺度一致的变化趋势，但在区域尺度上还是发现了一些重要的“趋势”。

观测记录显示，自1950年以来，极端最低气温的出现频率有所下降，因此标志寒冷事件的“霜冻日数”和“冰冻日数”减少；但极端最高气温的出

现频率有所增加。观测记录还显示，北半球中高纬度地区降水量增加的地区，大雨和极端降水事件有增多趋势。20世纪后半叶，北半球中高纬地区强降雨事件的出现频率可能增加了2%～4%；而北半球中高纬度地区降水量减少的地区，大雨和极端降水事件有下降趋势。在亚洲和非洲的一些地区，近几十年来干旱与洪涝的发生频率增高、强度增强。分析表明，夏季大陆上的一些地区可能已经变得更干，干旱的威胁可能也相应地有所增加。在东亚地区，虽然降水量趋于下降或变化不大，但仍有些地方大雨和极端降水事件有所增加。全球热带和副热带地区的风暴强度和频率的变化，很大程度上仍受年代际变化的影响，没有呈现明显的增多或减少趋势。

最近40～50年中，中国极端最低温度和平均最低温度都出现了增高的趋势，尤以北方冬季最为突出。同时，寒潮频率趋于降低，低温日数趋于减少，雨日显著减少。

未来的气候会是什么样子

全球及中国气候变化的未来情景会是什么样子呢？如前所述，影响气候的因子多、机制复杂，目前的科学水平还无法给出综合考虑各种影响因子作用的未来气候预测，只能把未来因人类活动引起的大气中温室气体和气溶胶浓度的变化作为条件，输入气候模式计算出未来气候的可能变化。气候变化情景就是未来可能出现的气候状态与当前气候状况之间的差值。下面，我们就来讲一讲未来的气候会与现在的气候有什么不同。

气温变化

1995年政府间气候变化专业委员会完成的第二次评估报告，根据其设计的1990～2100年间温室气体和气溶胶排放的六种构想，预测到2100年全球平均地面温度相对于1990年大约上升1.0～3.5℃。这相当于全球平均温度每十年升高0.10～0.35℃。

2001年政府间气候变化专业委员会完成的第三次评估报告，根据其设计的1990～2100年间温室气体和气溶胶排放的35种构想，预计到2100年全球平均地面温度将比1990年上升约1.4～5.8℃，即全球平均温度每十年将升高0.14～0.58℃。这比第二次评估报告的估计值要高，主要是目前对二氧化硫未来增加量的估计值大大低于1995年的估计。也就是说，未来因二氧化硫等气溶胶引起的降温作用不如1995年估计的大。每十年0.14～0.58℃这样的升温率，大大高于20世纪中实际观测到的升温率，这可能是最近1000年来从未出现过的升温率，对生态系统的适应能力将是一个严峻的挑战。

几乎所有陆地区域的增温可能都比全球平均值要大，特别是北半球高纬地区的冬季。美国的阿拉斯加、加拿大、格陵兰，亚洲北部和青藏高原，模拟的增温值高出全球平均40%。但是南亚和东南亚的夏季，南美南部的冬季，模拟的增温值都低于全球平均。

需要指出的是，未来的气温变化在全球不同地区不一样，对陆面的影响要快于海洋，北大西洋和南极周围海洋表面温度的增加比全球平均值要小。由于区域气候模式还不完善，目前区域的气候变化情景，还主要使用全球模式的预测结果。

中国科学家使用不同的全球气候模式对二氧化碳增加后中国的气候变化情景进行了研究，结果略有差异。使用政府间气候变化专业委员会第三次评估报告中的五个模式模拟研究表明，假定二氧化碳以每年1%的速率增长，预计到2100年东亚和中国年平均温度将比1961～1990年三十年的平均值增加约5.0℃；假定二氧化碳和气溶胶同时以每年1%的速率增长，预计到2100年东亚和中国年平均温度将比1961～1990年三十年的平均值增加约3.9℃。

降水变化

政府间气候变化专业委员会第三次评估报告指出，全球气候增暖后，21世纪全球平均降水趋于增多，大多数热带地区平均降水将增多，副热带大部地区平均降水将减少，高纬度地区降水也趋于增多。分季节而言，北半球冬季，热带非洲降水将增加，东南亚变化不大，中美洲将减少；北半球夏季，南亚的降水变化不大。地中海地区的夏季和澳大利亚的冬季降水将减少。高纬度地区冬、夏季的降水均趋于增多。气候增暖后，强降雨事件会增加。由于降水的增加不足以平衡温度增高和可能蒸发的加大，大陆的中部地区夏季一般会变干。此外，气候变暖后北半球夏季季风降水的年际变化可能加大。

预计平均降水将增加的地区，大多数可能会出现较大的降水年际变化。很小的降水变化，会引起水资源的很大变化。这意味着出现干旱的可能性增加，一些地方可能发生更频繁的干旱和洪涝。中美洲和南欧地区夏季降水预计减少10%～20%，这可能会是降水日数不变、每次降水量减少的缘故，更

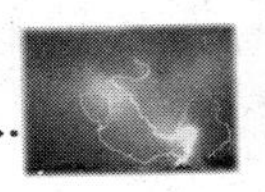

可能会是雨日大大减少、无雨时段大大延长的缘故。气候变暖对澳大利亚降水影响的模式研究结果表明，总的降水量变化不大，但小雨日数减少，大雨日数变为原来的两倍，洪水出现的概率至少要加倍。

中国科学家模拟研究的结果显示，只考虑二氧化碳以每年1%的速率增长，预计到2100年东亚和中国的降水年平均将比1961～1990年三十年年平均增加0.174毫米/日；若考虑二氧化碳和气溶胶同时以每年1%的速率增长，预计到2100年东亚和中国的降水年平均将比1961～1990年三十年年平均减少0.013毫米/日。

气候极端事件变化

近年来，随着人们对全球气候变化的认识逐渐深入，科学家们在关注气候变暖的同时，开始关注气候极端事件的性质与频率是否也在发生变化，关注的重点是气候极端事件是否更趋频繁，是否超过自然气候变化的范围，是否与人类活动引起的气候变化有关，等等。

目前回答这些问题的能力还很有限。政府间气候变化专业委员会在第三次评估报告中仅指出，几乎所有陆地区域的最高气温都会变得更高，炎热的日数也变得更多；同时，最低气温增高，寒冷日数和霜冻日数则相应减少。

分析表明，对欧洲、北美、南亚、撒哈拉、南非、澳大利亚和南太平洋等地区来说，极端降水强度可能增加；欧洲、北美、澳大利亚等地区干旱的威胁增加。

一些地区热带气旋的最大风速可能增加5%～10%，由热带气旋带来的平均和极大降水强度可能增加20%～30%。但没有直接的证据表明热带气旋的出现频率和生成区域会有所改变。

气候变化的不确定性

气候一定会沿着科学家预测的方向变化吗？我们现在的回答只能是三个字“不一定”。因为气候变化还存在着许多不确定因素。现在我们就来讲一讲这些不确定因素。我们在上面讲到的气候变化情景中包含有相当大的不确定性。降水变化情景的不确定性比温度的更大。产生不确定性的原因很多，主要有：

（1）温室气体和气溶胶排放量数据中的不确定。包括对温室气体源和流的了解有限，以及温室气体和气溶胶的排放受各国人口、经济、社会发展等众多因子的制约，使得准确地预测未来大气中温室气体的浓度相当困难。

（2）由于目前对碳循环、温室气体和气溶胶的物理、化学过程的认识有限，因此在将大气中的二氧化碳浓度转化成对气候系统的“辐射强迫”时，存在很大的不确定性。

（三）气候模式本身的缺陷对未来气候变化情景的研究有很大影响。要预测未来 50～100 年的全球和区域气候变化，必须依靠复杂的全球海气耦合模式和高分辨率的区域气候模式。但是，目前气候模式对云、海洋、极地冰盖等的描述还很不完善，模式还不能处理好云和海洋环流的效应，以及区域降水变化等。

（四）气候极端事件很少发生，在统计上只是边缘分布，而且很容易与错误资料混淆。目前缺少高精确度、高分辨率、长时期的全球观测资料，用来识别气候极端事件的变化。目前的气候模式也还不能用于研究小尺度的气候极端事件的特征。自然因素和人类活动对气候极端事件变化的影响，目前还无法区分。

（五）就预测中国未来气候变化情景而言，适合中国使用的气候模式仍处于发展之中，迄今所用的国外模式尚不能准确地构筑中国未来气候变化的情景，这对深入研究气候变化对中国的影响及中国应采取的对策，是一个很大的制约因素。

全球变暖概说

从《气候变化框架公约》说起

虽然现在我们还无法预知气候将如何变化，但是，全球变暖已经是一个不争的事实了。1992 年 6 月，世界各国元首、政府首脑云集巴西里约热内卢，在联合国《气候变化框架公约》上签字。为什么气候变化这样一个普普通通的科学问题，会变得如此受人关注？这就涉及全球气候变暖的主题了。

工业革命以来，由于人类大量燃烧化石燃料和毁灭森林，使全球大气中二氧化碳含量在 240 年内增加了 25%。科学家们现在预测，如果到 2100 年二

氧化碳增加一倍，全球平均气温将会上升1.0～3.5℃，引起极冰融化，海平面上升15～95厘米，淹没大片经济发达的沿海地区。另外还会引起中纬度广大地区变干、高纬度冻土带沼泽化等一系列问题，事关重大。因此世界各国领导人才坐到一起，共同商讨削减二氧化碳的排放问题。

温室效应

引起全球变暖的原因是温室效应。那么，什么是温室效应呢？现今全球的地面平均温度约为15℃。可是，如果没有大气，地球的地面平均温度应为零下18℃。为什么会有33℃的差距呢？这是因为地球有大气，像条被子一样，造成温室效应之故。

世界上，宇宙中任何物体都辐射电磁波，物体温度越高，辐射的电磁波波长越短。太阳表面温度约6000℃，它发射的电磁波长很短，从0.2～4微米，其中大约有一半能量集中在0.35～0.7微米，是从紫到红的可见光。短于0.35微米的称为紫外线，长于0.7微米的为红外线，人眼都看不见。地面一方面接受太阳短波辐射而增温，同时也时时刻刻向外辐射电磁波而冷却。地球发射的电磁波波长因为温度较低而较长，在4～100微米，称为地面长波辐射或红外辐射。短波辐射和长波辐射在经过地球大气时遭遇是不同的：大气对太阳短波辐射几乎是透明的，但却强烈吸收地面长波辐射。大气在吸收地面长波辐射的同时，它自己也向外辐射波长更长的红外辐射。其中向下到达地面的部分称为逆辐射。地面接受到逆辐射后就会升温，或者说大气对地面起到了保温作用。这就是大气温室效应的原理。

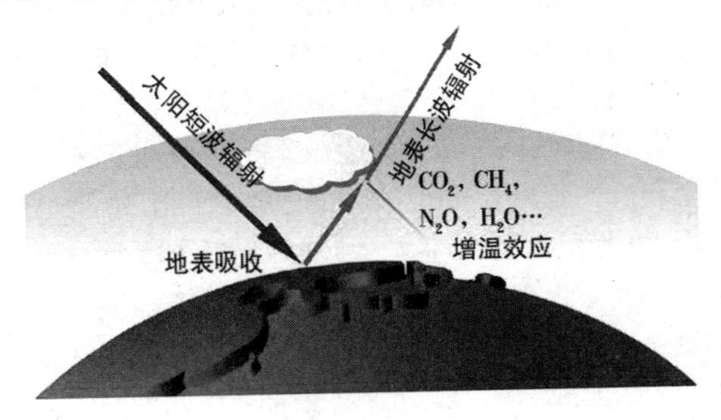

温室效应示意图

地球大气的这种保温作用很类似于种植花卉的暖房顶上的玻璃（因此温室效应也称暖房效应或花房效应）。因为玻璃也有透过太阳短波辐射和吸收地面红外辐射的保温功能。

温室气体

为什么地球上会产生温室效应呢？其实，温室效应源自温室气体。地球大气中起温室作用的气体称为温室气体，主要有二氧化碳、甲烷、臭氧、一氧化二氮、氟里昂以及水汽等。它们几乎吸收地面发出的所有波长的红外辐射，其中只有 7.5～13 微米的红外辐射区段吸收很少，因此称为“红外窗区”。地球主要正是通过这个窗区把从太阳获得热量中的70%又以长波辐射形式返回宇宙空间。其余30%太阳辐射是地面、云和大气分别通过反射和散射返回宇宙空间的。这样就维持了地面温度不变。温室效应主要正是因为人类活动增加了温室气体的数量和品种，而使这70%的比值下降，留下的余热使全球变暖的。

不过，二氧化碳等温室气体虽然吸收地面红外辐射的能力很强，但它们在大气中的数量却极少。如果把压力为1个大气压，温度为0℃的大气状态称为标准状态，那么把地球整个大气层压缩到这个标准状态，其厚度是8000米。目前大气中的二氧化碳的含量为355毫升/升，即占总含量的3.55/10000。把它换算到标准状态，将是2.8米厚。在8000米大气中就占2.8米这一点点。甲烷是1.7毫升/升，相应为1.4厘米厚。臭氧浓度为0.4毫升/升，换算后只有3毫米厚。一氧化二氮是0.31毫升/升，仅为2.5毫米。氟里昂有许多种，但大气中含量最多的氟里昂12也只有0.0004毫升/升，换算到标准状态只有3微米。由此可见大气中温室气体含量之少。也正因为如此，所以人为释放如不加限制，便很容易引起全球迅速变暖。

早在1938年，英国气象学家卡林达在分析了19世纪末世界各地零星的二氧化碳观测资料后，就指出当时二氧化碳的浓度已比20世纪初上升了6%。由于他还发现从19世纪末到20世纪中叶也存在全球变暖的倾向，在世界上引起了很大的反响。为此，美国斯克里普斯海洋研究所的凯林于1958年在夏威夷岛的冒纳罗亚山海拔3400米的地方建立起了观测所，开始了二氧化碳含量的精密观测。由于夏威夷位于北太平洋中部，因此可以认为它不受陆地大气污染影响，观测结果有代表性。

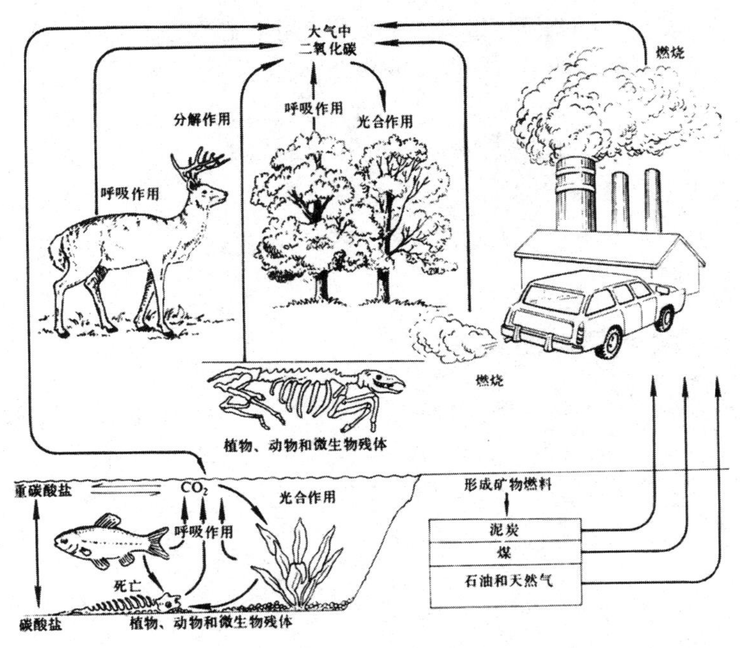

二氧化碳循环示意图

根据观测结果，人们了解到1958年时地球大气中二氧化碳含量不过315毫升/升左右，而1991年已达到了355毫升/升。问题的严重性还在于，目前人类每年燃烧55亿吨化石燃料产生的二氧化碳，只有大约一半进入了大气，其余一半主要被海洋和陆地植被所吸收。一旦海洋中二氧化碳达到饱和，大气中二氧化碳的含量将成倍上升。

此外，人们还发现二氧化碳的含量有季节变化，冬夏相差6毫升/升。这是由于北半球广阔大陆上植被冬枯夏荣的结果，即各种植物在夏季大量吸收二氧化碳，因而使大气中二氧化碳的浓度相对降低。

甲烷是仅次于二氧化碳的重要温室气体。它在大气中的浓度虽比二氧化碳少得多，但增长率则大得多。据联合国政府间气候变化委员会1996年发表的第二次气候变化评估报告（《报告》），从1750～1990共240年间二氧化碳增加了30%，而甲烷增加了145%。那么甲烷是什么呢？甲烷也称沼气，是缺氧条件下有机物腐烂时产生的，例如水田、堆肥、畜粪等都会产生沼气。一氧化二氮又称笑气，因为吸入一定浓度的这种气体后会引起面部肌肉痉挛，看上去像在发笑一样。一氧化二氮主要是使用化肥和燃烧化石燃料和生物体所产生。氟里昂气体是氯、氟和碳的化合物。自然界中本不存在，完全是人类制造出来的。由于它的融点和沸点都比较低，不燃、不爆、无臭无害，稳定性极好，因此广泛用来制造致冷剂、发泡剂和清洁剂等。地球大气中浓度最高的氟里昂12和氟里昂11含量虽都极少，但增长率很高，都是年增5%。不过由于它同时破坏大气臭氧层，根据1987年国际《蒙特利尔议定书》，今后可望逐渐减少。

温室气体与气温的数量关系

那么，温室效应会带来什么后果呢？工业革命前地球大气中的二氧化碳的含量是280毫升/升，如按目前增长的速度，到2100年，二氧化碳的含量将增加到550毫升/升，即几乎增加一倍。全世界的许多气象学家都在努力研究二氧化碳含量增加一倍以后，到2100年的全球平均气温会升高多少。

具体的方法是设计数值模式进行计算。就是把大气运动变化遵循的规律，设计成数值模式进行计算。不过，由于人们对大气运动变化规律认识得还不完善，采取的简化计算办法不同，各个模式的计算结果常相差很大。为此，20世纪80年代美国科学院组织了评估委员会，对这些模式的结果进行研究和综合评估，最终得出二氧化碳倍增后全球气温将上升（3±1.5）℃，即1.5～4.5℃。这也就是对本问题最有权威的组织，联合国的IPCC第一次《报告》中就采用了这个数字。

近年来，气候模式的模拟能力有一个重大改善，这主要是考虑了大气中气溶胶的作用。因为在燃烧化石燃料放出二氧化碳的同时也释放出了大量的硫化物气溶胶（空气中悬浮的微小颗粒）。这种气溶胶会遮挡部分阳光到达地面，因此使地面气温降低。它的降温效应大约相当于二氧化碳增温效应的1/3。根据不同温室气体的增温效应，再综合气溶胶的降温作用，科学家就可以计算未来的气温了。根据这个改进的方法，联合国IPCC1996年公布的第二次气候变化评估报告中，把2100年二氧化碳倍增后全球平均气温升温值从1.5～4.5℃，修改为1.0～3.5℃。评估报告中还指出，由于海洋的巨大热惰性，到2100年这些增温值中大约只有50%～90%能得以实现。

全球变暖的结果

全球平均增温1.0～3.5℃并不均匀分布于世界各地，而是赤道和热带地区几乎不升温（否则也热得受不了），而主要集中在高纬度地区，数量可达6～8℃甚至更大。这一来，便引起了另一严重后果，即两极和格陵兰的冰盖会发生溶化，引起海平面上升。北半球高纬度的冻土带也会融化变薄，引起大范围地区沼泽化。还有，海洋变暖后海水体积膨胀也会引起海平面上升。IPCC的第一次评估报告中预计海平面上升20～140厘米（相应升温1.5～4.5℃）。第二次评估报告中修改为15～95厘米（相应升温1.0～3.5℃），最可能值为50厘米，即比第一次评估报告降低了约25%。IPCC第二次评估报告还指出，从19世纪末以来的百年间，由于全球平均气温也上升了0.3～0.6℃，因而全球海平面相应也上升了10～25厘米。

全球海平面的上升将直接淹没人口密集、工农业发达的大陆沿海低地地区，因此后果十分严重。1995年11月在柏林召开的联合国气候变化框架公约缔约方第二次会议上四十四个小岛国组成了小岛国联盟，为它们的生存权而呼吁。

海平面上升后的上海（模拟图）

此外，研究结果还指出，二氧化碳增加不仅使全球变暖，还将使包括中国北方在内的中纬度地区降水将减少，加上升温使蒸发加大，因此气候将趋于干旱化。大气环流的调整，除了中纬度干旱化外，还可能造成世界其他地区气候异常和灾害。气温升高还会引起传染病流行等。

但是，温室效应也并非全是坏事，因为最寒冷的高纬度地区增温最大，因而农业区将向极地大幅度推进；二氧化碳增加也有利于光合作用而直接提高有机物质产量。还有人指出：在中国和世界上历史时期中温暖期多是降水较多、干旱区退缩的繁荣时期。此外，国外也有一批学者，认为目前气候模式在理论上相当不完善，有许多不确定性问题，IPCC 的结论过于夸大；认为人造卫星并未观测到全球变暖趋势；地面观测的数据多受日益扩大的城市热岛效应的影响；认为百年升高 0.3～0.6℃属于气候自然波动的幅度，不能证明是二氧化碳温室效应所致；等等。

不过，尽管如此，目前大气中二氧化碳的浓度和全球地表温度正迅速增加，以及温室气体增加会造成全球变暖的原理，都是不争的事实。我们如果等到问题发展到了人类可以明显感知的水平，而且不可逆转，那么就为时已晚。因此现在就必须引起高度重视，及时进行监测和诊断，以便采取对策，保护好人类赖以生存的大气环境。

如何应对全球变暖

至于全球变暖的对策，归纳起来主要有 3 个方面：

（1）减少目前大气中的二氧化碳。在技术上最切实可行的是广泛植树造林，加强绿化，停止滥伐森林，用光合作用大量吸收二氧化碳。其他还有利用化学反应来吸收二氧化碳，但在技术上都不成熟，目前经济上更难大规模实行。

（2）适应，这是无论如何必须考虑的问题。例如除了建设防护堤坝等工程技术措施外，有计划地逐步改变当地农作物的种类和品种，以适应逐步变化的气候。由于气候变化是一个相对缓慢的过程，只要能及早预测出气候变化趋势，适应对策是能够找到并顺利实施的。

（3）削减二氧化碳的排放量。这就是 1992 年巴西里约热内卢世界环境与发展大会上各国首脑共同签字的联合国《气候变化框架公约》的主要目的。公约要求发达国家到 2000 年把二氧化碳排放量降回到 1990 年的水平，并向发展中国家提供资金，转让技术，以帮助发展中国家减少二氧化碳的排放量。因为近百年来全球大气中二氧化碳浓度的迅速升高，绝大部分是发达国家排放的。发展中国家首先是要脱贫，要发展。发达国家有义务这样做。

但是，由于公约是框架性的，并没有约束力。而且削减二氧化碳排放量直接影响到发达国家的经济利益，有些发达国家不仅没有减排，甚至还在增排。因此，这些国家根本没有在 2000 年把二氧化碳的排放量降到 1990 年水平。

气候变暖对中国的影响

全球的气候都在变暖，而且全球气候变暖既给地球带来了灾害，也带来了不少益处。那么，气候变暖给中国带来了什么呢？本节我们将着重讲一讲北京师范大学张兰生教授的研究结果。

气候变暖与经济繁荣

北京师范大学教授张兰生领导进行的题为“中国生存环境历史演变规律研究”的课题，是中国“八五”国家基础性研究中的重大项目。他们分析了1万年以来中国的气候变化，根据变化规律，他们将这1万年分为三个阶段，8500年前属于第一阶段；经过三次显著的阶段性增温后，在距今8500年左右，中国进入第二阶段——全新世暖期；3000年前，中国气候进入第三阶段，这个阶段的气温逐渐在波动中降低到现代的水平。

更有意思的是：3000年来，中国气候呈现出冷暖周期性的交替格局，和现代相比，有时更加温暖，有时更加寒冷。这种变化周期大约为300～500年。在总的降温过程中，冷期在明显增长。

具体来说，春秋时期比现代温暖，战国到西汉初比现代稍微寒冷一些，西汉初到东汉末气温逐渐转暖，魏晋南北朝时期基本上比较寒冷，但中间也有转暖时期。隋唐持续温暖，中唐以后逐步转冷。公元9～13世纪，即从唐末到宋末，平均比现代温暖，这时相当于全球性的中世纪暖期。

公元1230年发生的一次气候突变，标志着中世纪暖期即将结束，以后中国气候逐渐进入小冰期。20世纪初开始，气候逐渐转暖，但是至今还没有达到1230年以前的水平。也就是说，至今为止，中国的气候还没有再创造新的“历史最高记录”。

张兰生教授分析，从历史对比的角度看，处于唐末到宋末的中世纪暖期，可能是和即将到来的21世纪增暖期最为接近的一段时期。9～13世纪，即中世纪时，中国的华北地区平均温度比现代高出1～2℃，降水量也要高出10%左右，最高海平面则比现代高出0.4～0.7米。

令人感兴趣的是，张兰生教授领导的课题组还得出了这样一个结论：历史上的暖期，中国一般都处在经济和文化繁荣的时期。像辉煌一时的唐朝和汉朝，就是中国封建王朝的鼎盛时期。这可能是因为，暖期对中国北方农业的生产有利，生产范围扩大，使得国泰民安。

气候变暖对中国的不利影响

那么这究竟是喜是忧呢？全球著名大气物理学家、中国大气物理学的创始人叶笃正先生认为，从总体上来看，未来30年内，中国华北地区生存环境将向着不利的方向发展。这包括气温将继续增高，降水虽然将有所增加，但是在地面蒸发量增加的情况下，水资源将进一步短缺。

从1991年起，以叶笃正为首的科学家承担了列入国家科委“攀登计划”的国家基础性研究重大关键项目——“中国未来（20~50年）生存环境变化趋势的预测研究”。1996年7月，这个项目通过了有关单位组织的验收。科学家们呼吁，生存环境是关系到每一个人乃至人类的大事，国家应该及早重视这一发展趋势，积极采取措施，加强这方面的对策研究，以缓和并遏制这一趋势所带来的不利影响。

近40年来，中国冬季普遍增温，北部增温高而南部弱，西南部还稍有降温。夏季北部稍有增温，但不显著，南部稍有降温，而西南部有比较显著的降温。由于中国能源主要来自煤，所以大气中硫化物显著增加，以中国西南部最为强烈。大气中的硫化物有降温作用，这可能是中国西南部40年来降温的原因之一。在未来一段较长时期内，中国能源将仍以煤为主，大气中硫化物仍将持续居高不下，它将减弱二氧化碳和甲烷等温室气体的增温效应。但硫化物将带来一系列其他影响，如酸雨的危害等，值得人们注意。

“八五”期间，研究人员集中力量对华北地区生存环境进行了研究。华北地区包括河北省、山西省和山东省、内蒙古东南部和辽宁西部。这里是中国经济发展重点地区之一，北部有京津塘工业区。华北平原是中国主要的粮食基地之一。但是这一地区水资源的严重短缺，制约着经济的后续发展。

科学家为我们描述了这样一幅图景：到2030年左右，华北地区在自然变化和人类活动的影响下，将比现代增温1.0~1.5℃，降水基本持平，夏季增温0.5~0.8℃，降水增加1%~2%。年际气候变化大，多年持续性严重旱涝少。由于未来增温，蒸发量明显增加，而降水的增加不足以弥补蒸发的消耗，所以华北地区的主要河流——海河、滦河流域径流将减少3%~6%。

值得注意的是，作为北京“活力之源”的密云水库，入库流量将减少2.4亿立方米左右，河北省的官厅水库将减少近10亿立方米。

增温和缺水对生态系统有明显的影响。主要粮食作物冬小麦产量将增加，春小麦和玉米产量将下降。主要树种落叶松分布面积减少，北部典型草原草质下降，不利于畜牧业发展。华北干旱区将向北移动，在河北北部和内蒙古东南部干旱化可能增强，而人口增加和农牧业的发展将使荒漠化土地增加。沙漠化将随人畜增加有所扩展。

叶笃正教授认为，未来30年内温室气体将继续增加，其增温效应也将持续下去。因此华北也将继续增温，而且冬季增温大于夏季，北方大于南方。不能小看气温似乎仅仅增加1摄氏度多，这实际上已经能对生存环境造成很大的影响。

既然如此，如何做到趋利避害呢？叶笃正教授认为，当务之急还是水的问题。有限的水资源必须合理利用，工业上，要有一个更加合理的布局；农业上，应该多种植一些耐旱作物，改进大水漫灌的传统方式；同时要大力宣传节约用水，并制定科学的水费标准。叶笃正教授认为，每一个人都必须从现在做起，从我做起，改善我们的环境，爱护我们的家园，防患于未然。

臭氧层遭破坏

20世纪80年代，科学家们发现大气中的臭氧层在逐渐变薄，并在地球的南极上空出现了臭氧洞。由于大气臭氧层变薄会使过量太阳紫外辐射到达地面，进而给人类的生存环境带来灾难，因而引起了世界各国政府和人民的普遍关注。人们普遍关心的问题是：破坏大气臭氧层的元凶是谁？大气臭氧层是否会继续变薄？大气臭氧层变薄对人们的生存环境会有什么危害？

破坏臭氧层的元凶

臭氧于1839年被发现，后经证实为地球大气中的一种微量气体组分，其总量只占大气的百万分之几，而且90%集中在离地面10～50千米的大气层中，被称为大气臭氧层。如果把地球大气中所有臭氧集中在地球表面上，则它只形成约3毫米厚的一层气体，其总重量约为30亿吨。

大气臭氧层在维护人类正常生存环境方面起着重要作用，它可以吸收掉对地球上生灵有危害的太阳紫外辐射。可以说，大气中的臭氧层实际上是地球上一切生命免受过量太阳紫外辐射伤害的天然屏障，是地球生物圈的天然保护伞。正是由于臭氧层的存在，才使地球上的一切生命，包括人类本身得以正常生长和世代繁衍。可以毫不夸大地说，如果地球大气中没有臭氧层，地球上就没有生命。

但是，近几十年来，臭氧层却遭到了破坏。臭氧层遭到破坏是怎样被发现的呢？目前，分布在全世界各地的约 150 多个站形成了全球臭氧观测系统，并按世界气象组织规定的统一规范对大气臭氧进行着日常业务观测。1985 年，人们未预料到的事发生了。这一年，英国国家环境研究委员会南极考察队的科学家乔·福曼等人首次报道，1980～1984 年间，南极上空每年春季（10 月份）臭氧含量与同年 3 月份相比大幅度下降，出现了臭氧洞。这一事件立即引起了科学家们的密切关注。随后包括中国在内的很多国家都组织科学工作者对南极上空臭氧变化开展了实地考察和相应的理论研究工作。

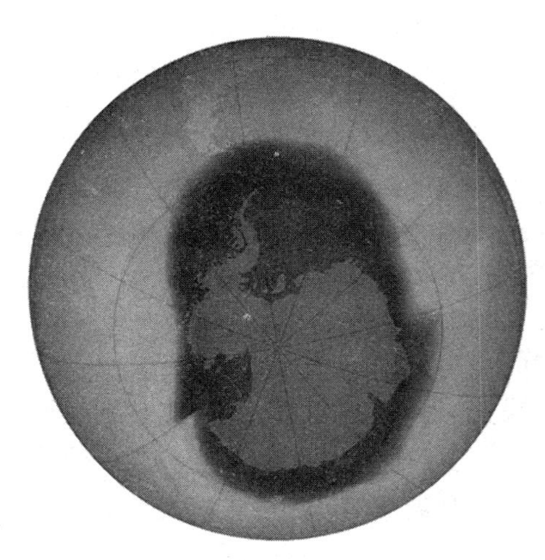

南极上空的臭氧洞

所谓南极臭氧洞是指南极地区上空大气臭氧总含量季节性大幅度下降的一种现象，并非真正出现了洞。为了给臭氧洞一个相对明确的定量化概念，世界气象组织建议称臭氧总量下降至 200 个臭氧单位以下的区域为臭氧洞。

科学家们的研究表明，南极大陆上空大气中臭氧含量的明显减少始于 20 世纪 70 年代末并于 1982 年 10 月南极上空首次出现了臭氧含量低于 200 个臭氧单位的区域，形成了臭氧洞。20 世纪 90 年代以来，南极臭氧洞持续发展，臭氧洞最大覆盖面积达到（20～24）$\times 10^6$ 平方千米。南极上空通常于每年 9 月下旬之后开始出现臭氧洞，在 10 月上旬臭氧洞的深度达到最深，面积达到最大，并一般于 11 月底 12 月初臭氧量迅速恢复到其正常值。

南极臭氧洞的出现提醒人们，大气臭氧层这把地球上一切生命的天然保

护伞已受到严重威胁。

地球有两极，既然南极上空出现了臭氧洞，那么，北极上空有臭氧洞吗？其实这一问题是在南极臭氧洞发现不久由科学家们自己提出来的。1989 年，来自美国、英国、挪威和联邦德国等国的 200 多名科学家对北极上空的臭氧层进行了考察。结果表明，北极上空臭氧层的破坏相当严重。尤其是 20 世纪 90 年代以来，在中纬度，北美洲和欧洲的大部分地区以及西伯利亚上空连续出现臭氧浓度的不寻常减少。但是，到目前为止，在北极上空还未发现臭氧洞存在。科学家们预言，北极上空冬季的臭氧耗损将会维持很长一段时间，甚至会更严重，但是由于南北极上空温度和大气环流形势等的明显差异，在北极上空出现像南极上空那样的臭氧洞的可能性较小。

那么，臭氧洞是怎样形成的呢？谁是破坏臭氧层的元凶呢？围绕南极臭氧洞形成的原因在一段时间内曾争论不一，众说纷纭，先后提出了多种假说。基于大量研究结果，目前，科学家们已清楚地认识到南极臭氧洞是人类活动造成的，人类向大气中排放的氟氯烃化合物导致了臭氧层的破坏。

20 世纪以来，随着工业的发展，人们在致冷剂、发泡剂、喷雾剂以及灭火剂中广泛使用性质稳定、不易燃烧、价格便宜的氟氯烃物质以及性质相似的卤族化合物。这些物质在大气中滞留时间长（有的可达 100 年以上），容易积累，当它们上升到高层大气以后在强烈的太阳紫外辐射作用下，释放出氯（溴）原子，后者可以使上万个臭氧分子遭到破坏。

在南极上空，冬季由于没有热能或热能很弱，气温下降，上层大气变冷。同时，被称为极区涡流的环极气流将南极大陆上空的空气团团围住，使得高纬度周围的大量空气与低纬度空气隔离开来而形成一个温度很低的区域。在这一区域内，臭氧遭到大幅度破坏而形成臭氧洞。春季来临，极区温度开始升高，臭氧的耗损过程停止，同时极区涡流遭到破坏，高低纬度之间的径向交换加强，含有低浓度臭氧的空气迅速向低纬度地区扩展，而同时极区周围含臭氧量高的空气进入极区上空，导致臭氧洞最后消失。

由此可见，氟氯氢化合物是破坏臭氧层并造成南极上空出现臭氧洞的真正元凶。

臭氧洞的不利影响

人类的活动造成了臭氧层的破坏。而臭氧的耗损也对人类产生了极其严重的影响。由于人类活动本身造成了大气中臭氧层的耗损，使过量的紫外辐射到达地球表面，而这过量的紫外辐射又会危害人类本身及其生存环境，从而显示出大自然对人类的报复。臭氧耗损对人类的报复行为可归纳为下述几个方面。

（1）人类皮肤癌增加。过量紫外辐射对人体的危害主要是破坏去氧核糖核酸（DNA），从而会导致癌症发生。过量紫外辐射首先会引起皮肤晒斑，同时还会引起白内障。有资料表明，大气中臭氧含量每减少1%，就可能增加3%的皮肤癌发生率。过量的紫外辐射还会损害人体的抵抗力，抑制人体免疫系统的功能，造成许多疾病的发生。

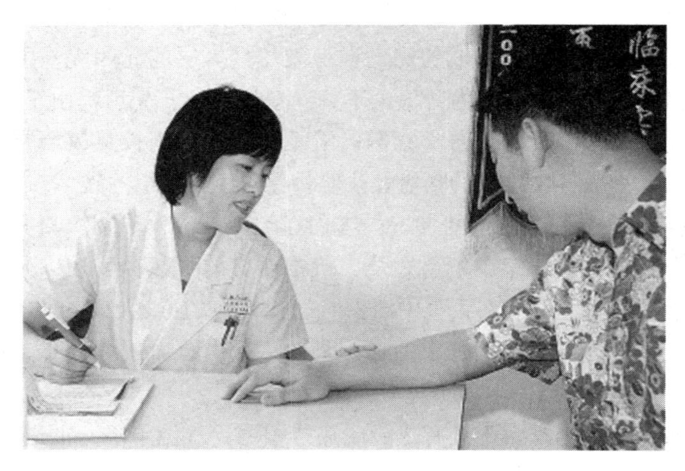

臭氧层的破坏引起了多种皮肤病

（2）恶化大气环境。20世纪中叶震惊世界的伦敦烟雾和洛杉矶光化学烟雾都曾使几千人丧生，都是人类活动恶化大气环境的典型实例。当大气中臭氧含量减少时，会有更多的太阳紫外辐射到达地面，这会增加近地面大气臭氧形成的速率，进而会增加光化学烟雾的发生概率，使大气环境恶化。

（3）破坏生态平衡。过量的紫外辐射到达地面会使许多农作物和微生物受到损害。最容易受到破坏的是豆类、甜瓜、芥菜和白菜等，土豆、西红柿、甜菜和大豆等产品质量会下降，产量会减少，大多数农作物和树木（尤其是针叶树木）会变得衰弱。不仅如此，过量紫外辐射还会危害海洋表层内的浮游生物、鱼苗、虾和藻类等，这些生物是海洋食物链的重要组成部分，它们

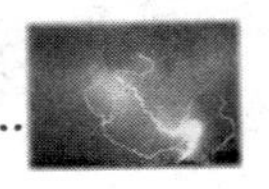

的损害会直接引起海洋生物界的变化。

所以说，过量的紫外辐射到达地面可能导致的后果是严重的。当然，大气中臭氧耗损的对人类的影响还不仅是这些。过量紫外辐射还会加速建筑物、绘画、橡胶制品、塑料制品等的老化过程，缩短它们的使用寿命，造成严重的经济损失。

人们为保护臭氧层做出的努力

既然臭氧层对人类的生活如此重要，那么我们应该做些什么呢？其实，面对自己酿成的苦果和臭氧耗损的报复行为，大部分人已经觉悟到，必须采取坚决措施强行约束自己的行为，以保护大气臭氧层这个人类和地球生态系统的天然屏障。下面，我们就介绍一下世界各国人民为保护臭氧层所做出的努力。

（1）《保护臭氧层维也纳公约》。“公约”于1985年在维也纳签署，“公约”明确指出大气臭氧层耗损对人类健康和环境可能造成的危害，呼吁各国政府采取合作行动，保护臭氧层，并首次提出氟氯烃类物质作为被监控的化学品。

（2）《关于消耗臭氧层物质的蒙特利尔议定书》。“议定书”于1987年9月通过，“议定书”对充当破坏大气臭氧层元凶的氟氯烃类物质的生产、使用、贸易和控制时间表做出了具体规定。

（3）伦敦会议。人们意识到保护臭氧层的紧迫性，并普遍认为控制氟氯烃等消耗臭氧物质的时间表应当提前，因此120多个国家的代表于1989年3月在伦敦开会商讨拯救大气臭氧层的具体措施，并对“议定书”提出了伦敦修正案。

（4）《保护臭氧层赫尔辛基宣言》。“宣言”于1989年5月通过，“宣言”呼吁加强替代产品和技术的开发，提出最迟于2000年前取消氟氯烃类物质的生产和使用。

（5）“9·16国际保护臭氧层日”。自1995年起，每年9月16日为国际保护臭氧层日，以提高人们保护大气臭氧层的意识。

可见，人类为挽救大气臭氧层已经和正在付出巨大的努力，虽然为时稍晚，但仍不失为“亡羊补牢”之举。

世界各国政府和人民都在关注、保护臭氧层，那么大气臭氧层还会继续变薄吗？当前，各国政府乃至平民百姓都对大气臭氧层的破坏给予极大关注。他们想知道：大气中的臭氧层是否会继续变薄？他们担心自己的生存环境是否会进一步恶化。

人们的担心是有道理的，对大气臭氧层的地面和卫星观测结果分析表明，自 20 世纪 70 年代开始，可以观察到大气臭氧层在全球范围内的明显耗减。值得注意的是，在人群集中的北半球，20 世纪 90 年代以来在冬季连续观测到 1957 年以来的最低臭氧值。那么，这种令人担心的臭氧层变薄还会持续多长时间呢？科学家们的回答是，这完全取决于人类自己。臭氧层变薄主要是由于人类向大气中排放的消耗臭氧物质引起的，目前这种物质在大气中的浓度还在继续增长。这就意味着，如果大气中的一些基本过程没有明显变化，那么大气中臭氧层的耗损会一直延续到 21 世纪中期前后。

地球寒极概说

地球上最冷的地方

地球上最冷的地方在南极大陆。为什么地球上最冷的地方会出现在南极大陆呢？原来，由于海拔高，空气稀薄，再加上冰雪表面对太阳辐射的反射等，使得南极大陆成为世界上最为寒冷的地区，其平均气温比北极要低 20℃。南极大陆的年平均气温为 -25℃。南极沿海地区的年平均温度为 -20～ -17℃；而内陆地区的年平均温度则为 -50～ -40℃；东南极高原地区最为寒冷，年平均气温低达 -57℃。1967 年初，挪威在极点

南极大陆上厚厚的冰层

附近测得 -94.5℃的低温。据估计，在东南极洲上可能存在 -100 ~ -95℃的低温。

南极不仅是世界最冷的地方，也是世界上风力最大的地区。那里平均每年8级以上的大风有300天，年平均风速19.4米/秒。1972年澳大利亚莫森站观测到的最大风速为82米/秒。法国迪尔维尔站曾观测到风速达100米/秒的飓风，这相当于12级台风的3倍，是迄今世界上记录到的最大风速。南极风暴所以这样强大，原因在于南极大陆雪面温度低，附近的空气迅速被冷却收缩而变重，密度增大。而覆盖南极大陆的冰盖就像一块中部厚、四周薄的“铁饼”，形成一个中心高原与沿海地区之间的陡坡地形。变重了的冷空气从内陆高处沿斜面急剧下滑，到了沿海地带，因地势骤然下降，使冷气流下滑的速度加大，于是形成了强劲的、速度极快的下降风。

亚欧大陆及美洲最冷的地方

除了南极大陆，在亚洲也有一个寒极——奥苗康谷。那里的情况和南极大陆不同，因为南极大陆无人居住，而那里则常年有人居住。在俄罗斯雅库茨克东北800千米有一个名叫乌斯特·尼拉的重要金矿场，它位于一个名叫“奥苗康谷”的绵长山谷中，山谷中的温暖空气上升而形成“帽子”，较为凝重和寒冷的空气则沿着各大山的山侧下降，止于盆地底部。气象学家把这种情况称为“负辐射平衡”，意思是指从太阳获得的能量少于从地球向上辐射的能量。乌特斯·尼拉的温度在 -20℃以下时，便极有可能被浓雾笼罩。

目前，乌斯特·尼拉市的人口已超过万人，其中绝大多数是矿工，他们最大的问题莫过于埋葬死人了。他们必须在前一天晚上整夜生火，第二天待火一熄灭就掘地。埋葬在雅库茨克的尸体经久不腐烂，情况跟古代猛犸的尸体一样。他们的主要菜肴是从因印第格尔卡河运来的冻鲜鱼，鱼一离水接触到冷空气就会冻僵，食用者不加烹调，只用刀把鱼切成长长的薄片，蘸调料而食，这里的燃料很珍贵，鱼都是生食的，因气温过低，细菌无法繁殖，因此可以放心食用。

在户外，机器的钢像冰一样脆而易折。卡车轮胎驶越坑沟槽时常会裂开，这里每个人都穿上皮靴或毡靴，人造皮革所制的靴底在户外暴露10~15分钟就会龟裂。在这样的寒冷的天气中，除野狼以外，其他动物已荡然无存，以致人们常捕捉幼狼豢养为宠物。现代人只有在雅库特才有机会尝到古代猛犸

人们根据在雅库特发现猛犸古象的尸体复原的照片

巨象的肉味。第一批完整无缺的猛犸尸体于 1937 年 11 月在该地发现，肉质与新鲜感的相差无几，但他们已在冰隙中至少储存了 2 万年。地球上全年有居住的最冷地区是雅库西亚东北部的一个小村，居民约 600 人。奥苗康谷，位于海拔 700 米的一个山谷里。该村的气象站在 1959 年 1 月所记录下的气温是 -71℃。

在美洲和欧洲也也各有一个寒极。在北美洲，由于陆地面积不如欧亚大，加上山脉呈南北走向，因此那里的冷高压不如亚洲强盛，并且它可以无阻挡地向南伸展，致使北美冬天的寒冷程度稍逊于亚洲。同时，由于北冰洋对气候的调节作用，最冷的地方也像亚洲一样，不在纬度更高的北冰洋沿岸，而在稍南的内陆冷空气易堆积的谷地。例如，育空谷地的极端最低气温为 -63℃。

在欧洲，最冷的地方自然是格陵兰岛。那里纬度高，地势高，地面为冰原覆盖，气候终年严寒，其中埃斯密特地区的极端最低气温达 -65℃。

中国最冷的地方

中国最冷的地方是黑龙江省的漠河。漠河是一个位于中俄边界的小村庄，冬天的最低气温可达 -40 ~ -30℃，极端最低气温可达 -50℃，十分的寒冷。在漠河，刚烧开的水在室外倒出时就会马上结成冰。夏天的平均气温也在几摄氏度左右，因此漠河的人口数量不多。在冬天的有些时候，还可以见到美

丽的极光现象。

漠河为什么会成为中国最冷的地方呢？原来，漠河县位于黑龙江省西北部，中国的最北端。地理坐标为东经121°07′～124°20′，北纬52°10′～53°20′。东与塔河县接壤，西与内蒙古额尔古纳右旗交界，南与内蒙的额尔古纳左旗为邻，北与俄罗斯隔江相望。界河黑龙江，自上游河口算起，边境线长245千米。除黑龙江之外，境内最大河流为额木尔河，发源于伊勒呼里山北麓，流经境内230千米，于本县兴安镇古城岛注入黑龙江。

神州北极——漠河

漠河属于寒温带季风型大陆气候。冬季漫长、严寒、低温多雪。夏季高温多雨，昼夜温差大。年平均气温在－5℃以下，夏季最高温度可达38℃，冬季最低温度曾达－52.3℃。

格陵兰岛

格陵兰岛是世界最大岛，面积2 166 086平方千米，在北美洲东北，北冰洋和大西洋之间。从北部的皮里地到南端的法韦尔角相距2574千米，最宽处约有1290千米。海岸线全长35 000多千米。此岛为丹麦属地。首府努克（又名戈特霍布）。

格陵兰岛在地理纬度上属于高纬度，它最北端莫里斯·杰塞普角位于83°39N，而最南端的法韦尔角则位于59°46N，南北长度约为2600千米，相当于欧洲大陆北端至中欧的距离。最东端的东北角位于11°39W，而西端亚历山大角则位于73°08′W。那里气候严寒，冰雪茫茫，中部地区的最冷月平均温度为－47℃，绝对最低温度达到－70℃。

格陵兰岛无冰地区的面积为341 700平方千米，但其中北海岸和东海岸的大部分地区，几乎是人迹罕至的严寒荒原。有人居住的区域约为150 000平方千米，主要分布在西海岸南部地区。该岛南北纵深辽阔，地区间气候存在重大差异，位于北极圈内的格陵兰岛出现极地特有的极昼和极夜现象。

地球热极概说

地球上最热的地方

世界曾经有几次测量热极，但是每次测量的结果并不一样。这一方面是因为目前人类还无法对地球上的每一寸土地进行测量；另一方是因为地球上的气候正逐渐发生着变化。

第一次世界最热的地方，是1879年7月17日在阿尔及利亚的瓦格拉测到的，绝对温度达53.6℃。

第二次世界最热的地方，是1913年7月，美国加里福尼亚州的岱斯谷出现了56.7℃的高温记录。从此，地球“热极”从非洲跑到了美洲。

第三次世界最热的地方，是1922年9月13日，在非洲利比亚的加里延，盛吹“吉卜利”热风时，以57.8℃刷新了世界热极的记录。地球“热极”的桂冠再次被非洲摘取。

第四次世界最热的地方，是1933年8月，墨西哥的圣路易斯测到了57.8℃的最高温度，这样圣路易斯就同加里延分享世界“热极”的称号。美洲大陆和非洲总算“平分秋色”了。

第五次世界最热的地方，是1960～1966年，埃塞俄比亚的达洛尔测到了6年平均温度是34.4℃，这个当然不够前面几个高。

第六次世界最热的地方，是在1966之后，在非洲的索马里国家的阴影处测得的温度竟高达63℃。那么，非洲大陆地球“热极”的称号能保持多久呢？

不久，美国宇航局的卫星曾记录伊朗卢特沙漠的表面温度高达71摄氏

度，据推测，这是有史以来记录的地球表面的最高温度了。卢特沙漠占地面积约480平方千米，被人们称做“烤熟的小麦”。这里的温度之所以如此之高，是因为地表被黑色的火山熔岩所覆盖，容易吸收阳光中的热量。

“火洲”——吐鲁番

素有“火洲”之称的吐鲁番以炎热干燥闻名于世，被公认是中国气温最高的地方。2009年7月，吐鲁番地区平均温度比往年高出1摄氏度以上，最高温度达到46.2℃。

吐鲁番位于新疆天山东部山间盆地中，有2000多平方千米是低于海平面100米以下的低地。盆地令热气积聚，难以与外界空气交换，所以异常炎热。历史上吐鲁番最高温度曾达到47.7℃，地表温度高达75.8℃。当地民间流传着“沙窝里蒸熟鸡蛋、石头上烤熟面饼”的说法。

吐鲁番年平均降水量仅为16.7毫米，2009年上半年的降水量低于往年，2月份与4月份均没有降雨。日照时间长，年平均无霜期270天。高温加快水分蒸发速度，使得吐鲁番的天气十分干燥。

不谙内情的人常常疑问：这么酷热的天气，当地人怎么生活？原来，这里气温虽然高，但相对湿度却很低，高温低湿，虽热而不闷。另外昼夜温差很大，常可达20℃。

吐鲁番在维吾尔语中意为“富庶丰饶的地方”，是内地连接新疆、中亚地区及南北疆的重要通道。吐鲁番是西域自然生态环境和绿洲农业文明的代表，优越的光热条件和独特的气候，使这里盛产葡萄、哈密瓜等作物，旅游资源也极其丰富。

地球干极概说

地球上最干燥的地方

地球上最干燥的地方在南极大陆的干谷。这里的山谷两千年来不曾下过雨。只有一个山谷除外，这个山谷的湖泊在夏天会被内陆流过的河水短暂充满，而干谷不含湿气（水、冰或者雪），这就是干谷存在时速为320千米的风的原因，风蒸发了所有水汽。

这些干谷很奇特：除了散落地面的荒芜砾石外，它们还是南极唯一没有冰雪覆盖的陆地。干谷位于南极洲纵贯山脉，它们处于蒸发（或者说是升华）比降雪更多的山脉地区，所以，所有冰都消失了，只留下干涸贫瘠的土地。

阿塔卡马沙漠

地球上另一个最干燥的地方是智利的阿塔卡马沙漠，有些地方几个世纪以来都是零降雨。难以想象一次干旱竟延续了400年之久，但这的确曾发生在智利阿塔卡马沙漠的部分地区。这些地区自16世纪末以来，于1971年首次下了雨。位于阿塔卡马沙漠北端的阿里卡从来不下雨。它已成为一个闻名的度假地，靠引安第斯山脉的管道水来供水。

阿塔卡马沙漠从智利与秘鲁交界处向南延伸约960千米，地势一般比海平面要高得多，平均为610米。它由一连串盐碱盆地组成，几乎没有植物。

阿塔卡马沙漠为什么如此干燥呢？一部分原因在于来自南极寒流产生了很多的雾和云，但并没有降雨；另外一部分原因是东面的安第斯山脉就像一道屏障，挡住了来自亚马逊河流域可能形成雨云的湿空气。

中国年雨量的分布

中国年雨量的分布形势是东南多，西北少，从东南向西北减少，所以等雨量线多从东北走向西南。从大兴安岭西坡一直向西南到达西藏拉萨附近的400毫米等雨量线，差不多把中国分成了西北和东南两半，线的东南年雨量较多，淮河汉水以南年雨量普遍都在1000～1500毫米以上，东南沿海更多至1500～2000毫米，自然植被多为森林；线的西北年雨量从400毫米减到100

毫米以下，植被从东部的草原变为西部的荒漠或半荒漠景观。吐鲁番盆地、塔里木盆地和青海柴达木盆地是中国气候最干燥的地区，年雨量多在 25 毫米左右以下。例如塔里木盆地南缘的且末年雨量 18.6 毫米，若羌 17.4 毫米，吐鲁番为 16.4 毫米，柴达木盆地中的冷湖 17.6 毫米。新疆天山东端靠近中蒙边境的一个不大的盆地中的伊吾淖毛湖（北纬 43°46′，东经 95°08′，海拔 498.3 米）年平均雨量更少，只有 12.0 毫米，但这还不是中国气象站中雨量最少的地方。中国雨量最少的气象站吐鲁番盆地西侧的托克逊（海拔不到 1 米）年雨量平均只有 6.9 毫米。据报道，在吐鲁番盆地南部寸草不生的却勒塔格荒漠等地区，有些年份甚至终年滴雨不降。

不过干旱地区雨量逐年变化很大，极不稳定。以吐鲁番为例，1951 ~ 1960 年平均雨量为 21.0 毫米，而 1961 ~ 1970 年平均却只有 12.6 毫米，几乎少了一半。其中最多的 1958 年雨量为 45.4 毫米，而最少的 1968 年却只有 2.9 毫米，相差约 16 倍。再如且末 20 世纪 50 年代年平均雨量仅 9.2 毫米，而 20 世纪 60 年代反多至 24.7 毫米，最多雨的 1968 年雨量多达 54.9 毫米，最少的 1960 年仅 3.6 毫米，相差也达 15 倍。所以干旱地区的年平均雨量并没有多大意义，它随统计年代的不同而变动甚大。

有意思的是在这些干旱区里，农田主要依靠河流、高山冰雪融水和地下坎儿井灌溉，不靠天吃饭，庄稼有光有热又有水，稳产高产。区区小雨不但于作物无益，而且有害：在蒸发过程中会引碱上升，以及由于雨水使土面板结，影响棉花出苗，所以一旦有雨，还要紧急动员中耕松土。

地球雨极概说

地球上雨量最大的地方

一般认为世界上最潮湿的地方是印度的乞拉朋齐。印度阿萨姆邦的乞拉朋齐位于喜马拉雅山麓的南边，这里平均降雨量高达 10866 毫米。

一年下 10866 毫米的雨，的确是一个不小的数字！上海是我国雨水比较充沛的城市，年平均降雨量为 1134 毫米，要下 10866 毫米的雨，就需要 9 年多的时间。如果拿降水十分稀少的地区来说，下 10866 毫米的雨量，就需要上千年，在气候反常的1860年，乞拉朋齐一年里曾下过26467毫米的雨水，平均每天要下近72毫米的雨，按照气象学上的规定，日雨量50毫米以上，就是暴雨了。

为什么乞拉朋齐会成为地球上最潮湿的地方呢？乞拉朋齐位于喜马拉雅山麓的南边，北部高入云霄的山峰，就像一座“天壁”。来自孟加拉湾的十分潮湿的气流碰到山地时，受山脉的抬升作用而产生强烈的上升运动，升到高空的潮湿空气便凝成云雨。由于这股潮湿空气“源远流长”，不断流入，雨水便源源不断地制造出来，并被巍巍的高山全部阻挡在山的南部，这就是乞拉朋齐成为“世界雨极”的原因。

乞拉朋齐的雨季每天都在下雨

不过，关于世界上最潮湿的地方，一直有个争议。这是因为哥伦比亚的罗洛每年降水超过120000毫米。这里的降雨量多于乞拉朋齐。所以有些人认为这里是世界上雨量最大的地方。

但是，与哥伦比亚不同的是，乞拉朋齐在6月到8月的“西南雨季”降雨量最大。1861年7月乞拉朋齐曾以9296毫米的降雨量创下最潮湿月的记录。事实上，在1860年和1862年间，乞拉朋齐格外潮湿，1860年8月1日和1861年7月31日（两个雨季部分的交叠时期），乞拉朋齐的降雨量为26467毫米。在1861年全年的降雨量为22987毫米，4月到9月之间的降雨量为22454毫米。

因此，到底哪个是最潮湿的地方？这要取决于测量方法和程序以及被测量的时期。

降水的另一种形式是下雪。世界上一年中下雪最多的地方是美国首都华盛顿，年降雪量达1870厘米。为什么华盛顿能下这么多的雪呢？已知下雪要有两个条件，一是温度要下降到0℃以下，二是要有充足的水汽。华盛顿离大

西洋、五大湖都不远，水汽来源十分充沛；同时，来自格兰岛的冷空气常常经过这里，因而使它成了世界上年降雪量最多的地方。据记载，美国华盛顿州的雷尼尔山从1971年2月19日至1972年2月18日的12个月中，下雪合计达31100毫米厚。

我国降水最多的地方

中国的雨极是火烧寮。火烧寮位于台湾岛东北端，基隆的南面，是我国降水最多的地方。据1906～1944年38年资料统计，火烧寮年均降水量达6557.8毫米，1912年降水量高达8409毫米，降水日数也多，年均降水日数达214天。我国日降水量最大的地方也出现在台湾省的火烧寮，为1672毫米。

火烧寮之所以成为我国降水最多的地方，主要是受位置、地形、冬夏季风和台风等诸多因素影响造成的。火烧寮位于台湾山脉东北端海拔420米的山坡上，坡向面海。夏秋季节，自东南海上吹来的湿热夏季风，台风登陆时被地形抬升作用造成丰沛的降水；冬季时，又受到东北季风的影响，由于东北季风经过了广阔的海洋，特别是掠过了“黑潮”的暖流水面后水汽剧增，气流到达火烧寮时，又受到地形的抬升便形成了大量的降水。据统计，从11月到次年3月，火烧寮的冬季降水量，占全年总降水量的一半。由于火烧寮冬夏降水量都很大，从而成为我国的“雨极”。

所以，火烧寮所在地的基隆又有“雨港”之称。据统计，基隆一年有200多个雨天，真正是三天两头下雨。